ABHANDLUNGEN DER DEUTSCHEN AKADEMIE
DER WISSENSCHAFTEN ZU BERLIN

Klasse für Mathematik, Physik und Technik

Jahrgang 1960 Nr. 1

KOLLOQUIUM
INHOMOGENE FELDER IN FESTEN DIELEKTRIKA IM DURCHSCHLAGSGEBIET

veranstaltet von der Deutschen Akademie der Wissenschaften zu Berlin,
Physikalisch-Technisches Institut
— Bereich Elektrischer Durchschlag —
am 16. und 17. März 1959

Mit 35 Abbildungen

AKADEMIE-VERLAG · BERLIN
1960

Vorgelegt von Hrn. Rompe in der Gesamtsitzung vom 24. September 1959
Druck genehmigt am gleichen Tage, ausgegeben am 24. Februar 1960

Erschienen im Akademie-Verlag GmbH, Berlin W 1, Leipziger Straße 3-4
Lizenz-Nr. 202 · 100/702/60

Satz, Druck und Bindung: IV/2/14 · VEB Werkdruck Gräfenhainichen · 1259
Bestellnummer: 2001/60/I/1
Preis: DM 9,–
Printed in Germany
ES 18 B 6/7

INHALTSVERZEICHNIS

R. Rompe
Zum Durchschlag fester Dielektrika 5

K. W. Böer
Plasmaähnliche Raumladungseffekte und ihr Nachweis mit Hilfe von elektrooptischen Effekten 7
Diskussion

E. I. Adirowitsch
Einfluß der Feldemission auf die Verteilung starker Felder in festen Körpern 9
Diskussion

W. Franz
Einfluß eines elektrischen Feldes auf eine optische Bandkante 10
Diskussion

F. Stöckmann
Zum Einfluß der Kontakte auf die Strom-Spannungs-Abhängigkeit von Photoströmen . . . 13
Diskussion

W. J. Merz
Raumladungsbegrenzte Ströme in CdS und ZnS 17
Diskussion

U. Kümmel
Dielektrische Nachwirkungen an CdS-Einkristallen 19
Diskussion

J. Dziesiaty
Durchschlag von CdS-Einkristallen bei Impulsbeanspruchung 24
Diskussion

J. Tauc/A. Abrahám
Der elektrische Durchschlag an $p-n$-Übergängen in Silizium. 27
Diskussion

K. Seeger
Heiße Elektronen in Germanium 32
Diskussion

W. Misselwitz
Zum Durchschlag dünner Schichten 34
Diskussion

F. Obenaus
Der Luftüberschlag als Modell des Isolierstoffdurchschlages 39

W. Woboditsch
Die Charakteristiken von technischen Funkenstrecken mit stark inhomogenem Feld 43

J. Schmidt
Quantitative Messungen an Entladungen in festen Isolierstoffen im inhomogenen Feld . . . 47

M. Eberhardt
Die Durchschlagspannung von Epoxydharz im inhomogenen Feld 49
Diskussion

Zum Durchschlag fester Dielektrika

R. ROMPE, Berlin

Unsere Kenntnisse vom Mechanismus des elektrischen Durchschlages fester Isolatoren haben in den letzten Jahren erheblich zugenommen. Hierbei hat es sich als vorteilhaft herausgestellt, innerhalb des Ablaufes des elektrischen Durchschlages zu unterscheiden zwischen einer „Anlaufphase", in welcher die Erscheinungen ohne wesentliche bleibende Veränderungen des Versuchskristalls ablaufen, und daran anschließend eine „Zerstörungsphase" mit erheblichen bleibenden Veränderungen des untersuchten Kristalles.

Physikalisch ist die Anlaufphase von besonderem Interesse, da sie z. B. Aufschlüsse über die Bewegung der Elektronen im Gitter fester Isolatoren bei hohen Feldstärken liefert, ferner über das Verhalten der Ladungsträger an den Kontakten unter derartigen Bedingungen, u. a. m.

Die Zerstörungsphase ist für die Technik von großer Bedeutung, da ihr Eintreten und Ablauf die technische Qualität von Isolatoren wesentlich bestimmt. Die kennzeichnenden Erscheinungen in der Zerstörungsphase werden jedoch offenbar weniger von den Elementarprozessen der Elektronenbewegung im Gitter und der Wechselwirkung der Elektronen mit dem Gitter bestimmt, als von anderen z. T. auch mehr makroskopischen Faktoren. So dürfte die Frage der Inhomogenitäten der Verteilung des Stromes im Kristall oder im Kristallgefüge des Isolators von größter Wichtigkeit sein, ferner die Frage der Abhängigkeit der mechanischen Eigenschaften des Realkristalls von der Temperatur, die Höhe des Schmelzpunktes, der Dampfdruck der Bestandteile des Kristalls und dergleichen mehr. Aus diesem Grunde kann die Zerstörungsphase unter Umständen sehr stark hinsichtlich ihres Einsatzes und ihres Ablaufes von den verschiedensten Faktoren abhängen.

Man könnte meinen, daß sie gelegentlich auch gar nicht auftritt.[1] Methodisch wird sich aus diesen Gründen die technische Forschung über den Durchschlag von Isolatoren von der physikalischen unterscheiden. Sie wird insbesondere in starkem Maße von statistischen Methoden Gebrauch machen müssen. Die Arbeitsteilung der Erforschung des elektrischen Durchschlages fester Dielektrika, wie sie sich in den letzten 20 Jahren zwischen Physikern und Hochspannungselektrotechnikern herausgebildet hat, entbehrt demnach nicht einer physikalischen Begründung. Die Zusammenarbeit zwischen diesen beiden Forschungsrichtungen zu entwickeln und in ständiger Wechselwirkung zu vertiefen, wird bei aller Verschiedenheit der Zielsetzung für beide von großem Vorteil sein.

Für die Anlaufphase haben sich in den letzten Jahren Fragestellungen herausgebildet, die z. T. bereits befriedigend beantwortet werden konnten. Die Frage nach der Herkunft der gegebenenfalls überthermisch auftretenden Elektronen wurde so beantwortet, daß je nach Lage der Dinge verschiedene Quellen vorhanden sein können: Injektion aus der Kathode,

[1] In dem Vortrag von Herrn Dr. TAUC ist ein schönes Beispiel hierfür gegeben worden.

Feldemission aus der Kathode oder aus Termen mit kleiner Bindungsfestigkeit und Auslösung der Elektronen durch Stöße mit den beschleunigten Leitungselektronen sowohl aus diskreten Termen wie auch aus dem Valenzband.

Was die Geschwindigkeitsverteilung der Elektronen unter dem Einfluß des äußeren Feldes anbelangt, so ist diese Frage nach unserem heutigen Stand der Kenntnisse wesentlich schwieriger zu beantworten. Insbesondere ist nicht ohne weiteres zu sagen, ob sie im wesentlichen als Modifizierung der ungestörten Verteilung angesehen werden kann, oder ob unter dem Einfluß starker äußerer Felder unter Umständen eine Abspaltung einzelner schneller Elektronengruppen eintreten kann.

In den letzten Jahren ist als neuer Gesichtspunkt in die Diskussion über den elektrischen Durchschlag fester Dielektrika die Frage der Inhomogenitäten des Stromtransportes durch die Ladungsträger im Realkristall hinzugekommen. Hierbei handelt es sich um eine Inhomogenität in einem für den festen Zustand neuen Sinne. Es war naturgemäß auch früher klar, daß Dislokationen, Mosaikstruktur, fehlgeordnete Fremdbestandteile und ihre gegebenenfalls ungleichmäßige Verteilung im Kristall nicht ohne Einfluß auf die räumliche Stromverteilung sein könnten. Es gab aber eine Reihe von experimentellen Ergebnissen, die davon Zeugnis ablegten, daß diese Faktoren für thermische Elektronen bei Temperaturen von ca. 300° abs. keine große Rolle spielen können. Anderenfalls wäre eine Erforschung der Feinstruktur der Elektronenbänder, wie sie z. B. bei Germanium beobachtet werden konnte, oder die Ermittlung der Energie diskreter Fehlordnungsterme, wie sie an vielen Stoffen und auch am CdS gefunden wurde, kaum möglich. Es hat sich aber gezeigt, daß bei hohen Feldstärken Inhomogenitäten des Leitungsvorganges auftreten, die äußerlich Ähnlichkeit haben mit der Ausbildung von Raumladungsgebieten in der Anlaufphase eines Gasdurchschlages. Obgleich einiges über diese Inhomogenitäten in Erfahrung gebracht werden konnte, sind hier noch viele Fragen gänzlich offen.

Die Versuche zeigen aber eindeutig, daß im Realkristall, auch im „Monokristall", Raumladungsgebiete entstehen, die zu einer Inhomogenität der Feldstärke auch außerhalb der unmittelbar an die Elektroden angrenzenden Bereiche führen. In ihrer Verteilung entsprechen sie der Raumladungs- bzw. Feldstärkeverteilung im Aufbaustadium des Durchschlages einer Gasentladung. Sie haben auch eine entsprechende Ursache und lassen sich aus den für die Trägerbildung und -vernichtung gültigen Bilanzgleichungen verstehen.

Diese Feldinhomogenitäten führen dazu, daß bei vorgegebener Elektrodenspannung die Feldstärke an bestimmten Stellen erheblich größer sein kann als aus Spannung und Elektrodenabstand ermittelt wird. Da das Auftreten derartiger Feldstärkeverteilungen durch die Bilanzgleichungen mit der Realstruktur des Kristalls verknüpft ist, kann so die starke Abhängigkeit der Durchschlagsspannung, überhaupt des ganzen Ablaufes der Aufbauphase von der Realstruktur verstanden werden.

(Physikalisch-Technisches Institut der Deutschen Akademie der Wissenschaften zu Berlin)

Plasmaähnliche Raumladungseffekte und ihr Nachweis mit Hilfe von elektrooptischen Effekten

K. W. Böer, Berlin

Es wurde über eine Methode berichtet, Feldinhomogenitäten durch elektrooptische Effekte zu untersuchen und direkt sichtbar zu machen. Bei den elektrooptischen Effekten handelt es sich um solche, bei denen durch Wirkung des effektiven elektrischen Feldes das Absorptionsspektrum verändert wird. Wird ein Kristall im monochromatischen Licht an einer Stelle des Spektrums mikroskopiert, an der eine solche Veränderung des Absorptionsspektrums infolge des Feldes erfolgt, so kann man aus der örtlich unterschiedlichen Absorption Aussagen über den Feldverlauf gewinnen.

Es wurde eine Reihe von elektrooptischen Effekten hinsichtlich ihrer Verwendbarkeit zur Analyse des Feldverlaufes diskutiert.

Die unter Ausnutzung elektrooptischer Effekte an einer großen Zahl von CdS-Einkristallen gewonnenen Aufnahmen des räumlich inhomogenen Absorptionsverlaufes dicht an der Absorptionskante wurden gezeigt und diskutiert. Insbesondere wurde auf eine bisher unbekannte Raumladungserscheinung, die mit Hilfe elektrooptischer Effekte nachgewiesen werden konnte, näher eingegangen. Es handelt sich hierbei um eine Raumladungserscheinung, die dem Kathodenfall in einer Gasentladung recht ähnlich ist. Der Verlauf von Potential, Feld und Raumladung wurde diskutiert. Charakteristisch für diese Erscheinung ist die Ausbildung einer Doppelschicht im Abstand einiger Zehntel Millimeter vor der Kathode, die mit wachsender angelegter Spannung ihren Abstand zur Kathode vergrößert.

Es wurde ein einfaches reaktionskinetisches Modell angegeben, das unter der Voraussetzung einer elektrischen Anregung von Elektronen bzw. Defektelektronen aus Störtermen in das Leitungs- bzw. Valenzband sowie einer unterschiedlichen Beweglichkeit positiver und negativer Ladungsträger die Ausbildung einer Feldaufwölbung vor der Kathode und einer solchen Doppelschicht zu beschreiben gestattet.

Die Konsequenzen einer solchen plasmaähnlichen Feldinhomogenität im festen Körper im Bereich hoher Feldstärken für den Leitungsmechanismus im Durchschlagsgebiet wurden diskutiert.

Schließlich wurde ein Film über die kinetischen Vorgänge bei der Einstellung der beschriebenen Feldinhomogenitäten gezeigt. In diesem Film wurde deutlich sichtbar, daß der Aufbau des Raumladungsgebietes vor der Kathode ein zeitlich träger Vorgang mit einer Zeitkonstante von der Größenordnung einer Sekunde ist. Es konnte das Wachsen des Abstandes des Raumladungsgebietes von der Kathode mit erhöhter angelegter Spannung gezeigt werden. Schließlich wurde gezeigt, daß der Abstand des Raumladungsgebietes von der Kathode bei konstanter Spannung bei einigen Kristallen zeitlich nicht konstant, sondern periodischen Schwankungen unterworfen ist. In einigen Fällen laufen diese Raumladungsgebiete bis zur Anode, werden im Augenblick der Berührung mit der Anode an der Kathode neu gebildet, wandern wieder bis zur Anode usf.

Die experimentellen Untersuchungen sowie die theoretischen Überlegungen sind ausführlich in zwei Veröffentlichungen in der „Zeitschrift für Physik" publiziert.[1] Eine vorläufige Mitteilung zu diesem hier vorgetragenen Themenkomplex ist in den „Monatsberichten der Deutschen Akademie der Wissenschaften" abgedruckt[2].

(Physikalisch-Technisches Institut der Deutschen Akademie der Wissenschaften zu Berlin. Bereich Elektrischer Durchschlag)

Diskussion

F. Stöckmann fragt, ob die beschriebenen charakteristischen Feldverzerrungen vor der Kathode nicht einfacher durch eine Injektion von Elektronen aus der Kathode beschrieben werden können an Stelle der von K. W. Böer vorgeschlagenen Erklärung durch eine Anregung von Elektronen aus Störtermen. Auch im Falle einer Injektion sollte sich eine von der Kathode getrennte Doppelschicht im Innern des Kristalls in Kathodennähe ausbilden.

W. J. Merz bemerkt, daß eine Entscheidung der Frage, ob Injektion oder elektrische Anregung der wesentliche Prozeß für die gefundene Feldaufwölbung vor der Kathode ist, gefällt werden kann, wenn unterschiedliche Elektrodenmaterialien Verwendung finden; nach den Untersuchungen von Ruppel dürfte z. B. bei Elektroden aus Selen eine Injektion mit Sicherheit verhindert werden. Sollten sich ähnliche Feldaufwölbungen auch vor Selenkathoden ergeben, so würde dies zeigen, daß eine elektrische Anregung allein die Ursache der Aufwölbung ist.

K. W. Böer antwortet, daß die bisher beschriebenen Versuche nicht ausgeführt wurden, um eine Entscheidung zwischen Injektions- und Feldanregungsmechanismus herbeizuführen. Zu dieser Fragestellung ist bereits eine Reihe von Untersuchungen durchgeführt worden, die zeigten, daß bei den von uns untersuchten dickeren CdS-Einkristallen für den Leitungsmechanismus bei hohen Feldern sicher die elektrische Anregung den dominierenden Einfluß ausübt. Als Beispiel wurde die elektrodenlose Anregung von Elektronen aus Hafttermen (Glow-Kurven) erwähnt[3].

R. Rompe weist auf die große Ähnlichkeit der im Film gezeigten kinetischen Vorgänge der Wanderung des Raumladungsgebietes von der Kathode zur Anode mit laufenden Schichten, wie sie bei Gasentladungen auftreten, hin.

H. Rother bemerkt hierzu, daß die Reaktionsgleichungen, die K. W. Böer zur Behandlung des Raumladungsproblems vorgeschlagen hat, weitgehend mit denen übereinstimmen, die bei Gasentladungen verwandt werden. Es ist demnach zu vermuten, daß auch Amplifikationen bei den beschriebenen Prozessen eine wichtige Rolle spielen können. Die mathematische Behandlung dürfte jedoch keine Unterscheidungsmöglichkeit zwischen Injektion und Feldanregung liefern. Die Art des auslösenden Mechanismus ist ohne wesentlichen Einfluß auf den Verlauf des Vorgangs.

---

[1] Böer, K. W., Hänsch, H. J. und Kümmel, U., Z. Phys. **155** (1959) 171; Böer, K. W., Z. Phys. **155** (1959) 184.

[2] Böer, K. W., Monatsber. Ak. Wiss. **1** (1959) 272.

[3] Böer, K. W. und Kümmel, U., Z. Naturf. **13a** (1958) 698.

Einfluß der Feldemission auf die Verteilung starker Felder in festen Körpern

E. I. Adirowitsch, Moskau

vorgetragen von R. Boyn

Es wurde das Manuskript einer Arbeit vorgelesen, die inzwischen in der „Zeitschrift für Physik"[1] erschienen ist. In dieser Arbeit wird Lage und Wanderung der von K. W. Böer beschriebenen inhomogenen Feldverteilung in einem Dielektrikum unter Berücksichtigung einer Feldemission aus der Kathode und einer einfachen Feldanregung von Elektronen aus Donatortermen in das Leitungsband diskutiert. Zur genäherten mathematischen Behandlung des Problems wird eine vollständige Störstellenionisierung in einem unendlich schmalen Bereich kritischen Feldes angenommen – wobei das Erreichen dieses Feldes vorausgesetzt wird – und die Nachlieferung von Elektronen aus der Kathode unter Verwendung der Feldemissionsbedingung berücksichtigt. Der Verlauf von Raumladung und Feld wird für den eindimensionalen Fall angegeben und diskutiert. Zusammen mit den theoretischen Überlegungen von K. W. Böer, der die Gründe für die primäre Feldaufwölbung vor der Kathode näher untersucht, läßt sich das zur Zeit vorliegende experimentelle Material zwanglos verstehen und qualitativ beschreiben.

(Physikalisches Lebedew-Institut der Akademie der Wissenschaften der UdSSR)

Diskussion

H. Rother weist darauf hin, daß auch bei den Berechnungen von Adirowitsch eine weitgehende Analogie zwischen dem Amplifikationsmechanismus bei laufenden Schichten im Plasma einer Gasentladung und im festen Körper besteht.

O. Stasiw und E. A. Niekisch fragen, welchen Einfluß die Konzentration von Störtermen auf die Ausbildung der Feldaufwölbung vor der Kathode habe. In diesem Zusammenhang wird bemerkt, daß die verwandte Donatorenkonzentration von 10^{17} pro cm^3 beim Kadmiumsulfid eventuell um ein bis zwei Größenordnungen zu hoch sein dürfte.

K. W. Böer antwortet, daß in der behandelten Näherung die Konzentration der Donatoren in die Endgleichungen nicht mehr eingeht. Diese Konzentration wurde verwandt, um in einer Abschätzung Auskunft über die Berechtigung der Einführung der angewandten Näherungen zu erhalten. Die Näherungsbetrachtungen dürften auch dann noch gerechtfertigt sein, wenn die Konzentration der Donatoren um zwei Größenordnungen geringer als angenommen ist.

F. Stöckmann gibt zu bedenken, daß die Feldstärke für die Feldemission aus der Kathode sich nicht mehr allzu beträchtlich von der maximalen Feldstärke, die im Innern des Kristalls erreicht werden kann, unterscheiden dürfte.

---

[1] Adirowitsch, E. J., Z. Phys. **155** (1959) 193.

Einfluß eines elektrischen Feldes auf eine optische Bandkante

W. FRANZ, Münster

Ein starkes elektrisches Feld (in der Größenordnung 10^5 V/cm) ist in der Lage, eine optische Bandkante merklich nach längeren Wellen zu verschieben. Man kann dies verstehen als Vorstufe zur inneren Feldemission (ZENER-Emission): wenn das Feld noch nicht ausreicht, um Elektronen durch das verbotene Energieband hindurch ins Leitungsband austreten zu lassen, kann es immerhin schon die Elektronen ein wenig ins verbotene Band eindringen lassen (als gedämpfte DE-BROGLIE-Welle) und dadurch die Energielücke zum Schrumpfen bringen. Man kann aus dieser Vorstellung für ein eindimensionales Gittermodell eine Formel für den durch das Feld verursachten Ausläufer der Bandkante gewinnen, welche identisch ist mit dem Ergebnis einer genaueren – auch im dreidimensionalen Kristall durchführbaren – Rechnung, die auf folgendem beruht[1]: Nach der BLOCHschen Theorie der Festkörper gehört zu jeder Wellenzahl (d. h. zu jedem Impuls) in jedem Band ein definierter Zustand mit bestimmter Energie; beim Fortschreiten um eine Periode des reziproken Gitters kehrt man zum gleichen Zustand zurück. In einem vollbesetzten Valenzband sind alle diese Zustände mit Elektronen belegt. Wird Licht absorbiert, so wird die Energie eines Lichtquants benutzt, um ein Elektron aus dem Zustand des Valenzbandes in einen unbesetzten Zustand des Leitungsbandes (in einem Isolator sind diese Zustände sämtlich unbesetzt) zu befördern, wobei allerdings die Wellenzahl sich nicht ändert, da der vom Lichtquant übertragene Impuls vernachlässigbar klein ist. Da der energetische Abstand zwischen Valenz- und Leitungsband je nach der Wellenzahl größer oder kleiner ist, können innerhalb eines gewissen Spektralbereichs Lichtquanten verschiedener Frequenz absorbiert werden. Legt man ein elektrisches Gleichfeld an, zunächst ohne Licht einzustrahlen, dann beschreibt man das besetzte Valenzband am besten mit den von HOUSTON angegebenen Eigenfunktionen, bei welchen jedes einzelne Elektron durch das Feld gleichförmig beschleunigt wird, was – präziser ausgedrückt – bedeutet, daß die Wellenzahl sich mit konstanter Geschwindigkeit ändert. Ordnet man der Gesamtheit der besetzten Zustände des Valenzbandes einen Grundbereich des reziproken Gitters zu, so wandert nach Einschalten des Feldes dieser Grundbereich mit konstanter Geschwindigkeit durch den Wellenzahlraum; dabei bleibt aber die Gesamtheit der Zustände ungeändert, da sich die Wellenzahlen des verschobenen Grundbereichs von denen des ursprünglichen zum Teil überhaupt nicht, zum anderen Teil um Vektoren des reziproken Gitters unterscheiden. Die sämtlichen Elektronen wandern im Wellenzahlraum so, daß immer das nachfolgende den Platz des vorhergehenden einnimmt; die Gesamtheit der besetzten Plätze bleibt ungeändert. So würde durch das Feld der Zustand überhaupt nicht geändert werden und auch einfallendes Licht von den einzelnen Elek-

[1] Bezüglich der mathematischen Theorie sei auf die Originalarbeit verwiesen: FRANZ, W., Z. Naturforsch. **13a** (1958) 484.

tronen so absorbiert, als wenn kein Feld vorhanden wäre. Eine Änderung des Absorptionsspektrums ergibt sich aber dadurch, daß das einzelne Elektron im Laufe des Beschleunigungsvorgangs verschiedenerlei Energielücken vorfindet und deshalb der Absorptionsvorgang mit einer zeitlich wechselnden Frequenz vor sich geht, also frequenz-moduliert ist. Wird die Modulationsfrequenz mit der Schwingungsfrequenz vergleichbar, so ist das FOURIER-Spektrum der Schwingung gegenüber dem Modulationsspektrum verbreitert. Diese Verbreiterung des Spektrums infolge der Frequenzmodulation ist identisch mit der Verschiebung der Bandkante, welche man für das lineare Modell auch aus der Vorstellung der unvollständigen ZENER-Emission erhält.

Zieht man nur Vorgänge in Betracht, bei denen ein Lichtquant absorbiert wird, ohne Beteiligung eines dritten Systems, so erhält man eine scharfe Bandkante, in deren Umgebung der Absportionskoeffizient wie die Wurzel aus dem Frequenzabstand zunimmt, also mit unendlich steiler Tangente in der Kante. Bei Einschalten des Feldes würde eine solche Kante aufgelockert, indem sich ihr ein exponentiell abfallender Ausläufer anschließt. Da es aber in Wirklichkeit derartige ideale Kanten nicht gibt, ist ein Vergleich mit Experimenten nur möglich, wenn das Modell verbessert wird. Nimmt man zu diesem Zweck Absorptionsprozesse hinzu, bei denen ein drittes System (Gitterschwingungen, Phononen) Energie zusetzt mit einer Häufigkeit, die mit wachsender Zusatzenergie exponentiell abfällt, so ergibt sich ohne Feld eine Kantenstruktur mit exponentiellem Intensitätsabfall. Durch das Feld wird dieser Abfall verflacht und die Kante in ihrem exponentiellen Ausläufer um einen konstanten Betrag verschoben. Nimmt man für die feldfreie Kante einen Abfall $\sim \exp(-\Lambda\,\omega)$ an, so ergibt sich für die Verschiebung infolge des Feldes die Formel $\delta\,\omega = \Lambda^2\,\omega_F^3$, wobei ω_F eine von der Feldstärke abhängige Kreisfrequenz ist, und zwar gilt

$$\hbar\,\omega_F = 0{,}040\text{ eV}\cdot\left(\frac{m}{m^*}\right)^{\frac{1}{3}}\left(\frac{F}{10^6\text{ V/cm}}\right)^{\frac{2}{3}}.$$

ω_F gibt den Frequenzbereich in der Umgebung der Kante an, innerhalb dessen der Einfluß des Feldes merklich ist; der Effekt kann also nur dann beobachtet werden, wenn ω_F ein Frequenzintervall von beobachtbarer Größe ist. Wegen der Formel für $\delta\,\omega$ muß weiterhin $\Lambda\,\omega_F$ wenigstens von der Größenordnung Eins sein. Dies bedeutet, daß der exponentielle Abfall der Kante in einem Gebiet erfolgen muß, welches nicht groß gegen ω_F ist. Man kann deshalb den Effekt um so besser beobachten, je steiler die Kante abfällt.

Wir wollen die Formeln anwenden auf die Beobachtungen, welche K. W. BÖER in seinem Vortrag mitgeteilt hat. Seine Kante nimmt von 5100 Å bis 5050 Å ungefähr um eine e-Potenz ab. Wir berechnen daraus zunächst denjenigen Wert $\Lambda\,\omega_F^{(0)}$, welcher für ein Feld von 10^6 V/cm auftreten würde. Dafür ergibt sich 1,7. Nennen wir λ_0 die Wellenlänge zu $\omega_F^{(0)}$, so errechnen wir nach der obigen Formel $\lambda_0 = 2{,}94\cdot10^5$ Å. Für die Änderung der Wellenzahl ergibt sich

$$\delta\left(\frac{1}{\lambda}\right)^{(0)} = (\Lambda\,\omega_F^{(0)})^2\,\frac{1}{\lambda_0} = (1{,}7)^2\cdot\frac{1}{\lambda_0}.$$

Hieraus ergibt sich eine Verschiebung der Kante von 250 Å. Da die Verschiebung mit dem Quadrat der Feldstärke geht (wie ω_F^3), bekommen wir für beliebige Feldstärken die Formel

$$\delta\,\lambda = 250\text{ Å}\cdot\left(\frac{F}{10^6\text{ V/cm}}\right)^2.$$

Herr BÖER beobachtet eine Verschiebung von ungefähr 100 Å; daraus berechnet sich das Feld zu $\frac{10^6}{\sqrt{2{,}5}}$ V/cm $= 0{,}63\cdot10^6$ V/cm, während die Größe $\Lambda\,\omega_F = 1{,}45$ wird, also immer noch größer als Eins ist. Für die Feldstärke im CdS-Kristall an der von BÖER beobachteten Sperrschicht erhält man also einen durchaus vernünftigen Wert, so daß die Deutung der BÖERschen Beobachtung durch den Kantenverschiebungseffekt möglich scheint. Überdies scheidet die Deutung mittels des Piezoeffekts deswegen aus, weil die dunklen Ringe völlig orientierungsunabhängig sind: beim Piezoeffekt müßte der Verdunklung auf einer Seite der Kathode eine Aufhellung (soweit noch möglich) auf der gegenüberliegenden Seite entsprechen. Es scheint somit der besprochene Bandkanteneffekt die einzige Deutungsmöglichkeit der BÖERschen Beobachtungen zu sein.

(Institut für theoretische Physik der Universität Münster)

Diskussion

R. ROMPE, O. STASIW und E. A. NIEKISCH fragen, inwieweit die am CdS gefundene Verschiebung des Fußes der Absorptionskante ein Grundgittereffekt sei, oder ob eine solche Verschiebung auf eine Änderung des Absorptionsspektrums von Störtermen zurückzuführen ist.

K. W. BÖER antwortet, daß an hochgereinigten CdS-Einkristallen durchgeführte Absorptionsmessungen zeigten, daß der untersuchte Bereich der Absorption mit großer Sicherheit als ein Grundgittereffekt gedeutet werden muß. Die bei unterschiedlicher Dotierung auftretenden Änderungen des Absorptionsspektrums erstrecken sich lediglich auf den unteren Teil des Fußes der Absorption und reichen bei nicht zu starken Dotierungen bis höchstens in den Bereich von 10 cm^{-1}. Alle Untersuchungen der elektrooptischen Erscheinungen sind an Kristallen einer Dicke von etwa 10^{-2} cm durchgeführt worden, so daß hier die beobachteten Absorptionsverschiebungen bereits im Grundgittergebiet liegen.

Zum Einfluß der Kontakte auf die Strom-Spannungs-Abhängigkeit von Photoströmen

F. Stöckmann, Darmstadt

Überlineare nichtohmsche Strom-Spannungs-Kennlinien eines Dielektrikums bei hohen Feldstärken werden meistens als Vorstadien eines elektrischen Durchschlags, also als Volumeneffekte gedeutet. Ganz ähnliche Kennlinien kann man aber – unter Umständen bei gleichen Feldstärken – auch durch Kontakteinflüsse erhalten, wenn die Kontakte Ladungsträger in das Dielektrikum injizieren. Bei der Deutung von Experimenten mit hohen Feldstärken (10^4 V/cm und darüber) muß man also grundsätzlich beide Möglichkeiten bedenken. Der Einfluß der Kontakte ist jedoch noch nicht genauer untersucht und darum bisher nur wenig beachtet worden. Aus diesem Grund werden im folgenden einige Beobachtungen an Photoleitern zusammengestellt, die anscheinend in erster Linie durch einen Einfluß der Kontakte erklärt werden müssen.

Ein Photostrom gehorcht dem Ohmschen Gesetz, wenn die durch Lichtabsorption erzeugten freien Ladungsträger, die durch das angelegte Feld aus dem Photoleiter herausgezogen werden, von den Kontakten her in gleicher Anzahl ersetzt werden. Wenn die Kontakte jedoch weniger Träger nachliefern, wächst der Strom langsamer als proportional zur Spannung mit dem Grenzfall gesättigter Photoströme. Wenn sie dagegen mehr Träger nachliefern, d. h. injizieren, wächst der Photostrom überlinear mit der Spannung.

Leicht zu zeigen ist dieser Einfluß der Kontakte bei Sperrschicht-Photoelementen, wenn man sie mit einer äußeren Spannungsquelle betreibt.[1] Für den Dunkelstrom findet man dann die normale Gleichrichterkennlinie einer Sperrschicht, aber auch der Photostrom ΔI – damit ist die Differenz zwischen dem Gesamtstrom bei Belichtung und dem Dunkelstrom gemeint – hat eine ähnlich unsymmetrische Kennlinie. Wenn die äußere Stromquelle in Sperrichtung gepolt ist, wird ΔI schon bei Spannungen von wenigen Volt gesättigt. Wegen der geringen Ausdehnung der Sperrschicht werden bereits dann praktisch alle Ladungsträger, die durch die Lichtabsorption in der Sperrschicht erzeugt werden, oder die durch Diffusion aus benachbarten Gebieten dorthin gelangen, ohne Rekombinationsverluste aus diesem lichtempfindlichen Bereich des Photoelements herausgezogen. Ein Ersatz der abwandernden Ladungsträger ist nicht möglich, weil der Gleichrichter in Sperrichtung gepolt ist. Erst wenn bei höheren Spannungen der Gleichrichter nicht mehr sperrt – was an der Dunkelstrom-Kennlinie zu erkennen ist –, nimmt auch der Photostrom wieder zu, denn jetzt wird die Nachlieferung von Ladungsträgern nicht mehr behindert. Bei umgekehrter Polung der äußeren Spannungsquelle in Durchlaßrichtung können die Ladungsträger auch bei kleinen Spannungen ersetzt werden. Darum wächst dann ΔI etwa linear mit der Spannung zu Werten, die beträchtlich größer sind als der gesättigte Strom in Sperrichtung. Bei sehr

---

[1] Stöckmann, F., Z. Phys. **147** (1957) 544.

großen Spannungen in Durchlaßrichtung wachsen die Ströme sogar stärker als linear, etwa quadratisch mit der Spannung (Abb. 1). Die Ursache dafür dürfte eine Injektion von Majoritätsträgern sein, denn um eine gute Durchlaßcharakteristik zu erhalten, ist der „ohmsche" Kontakt bei Sperrschicht-Gleichrichtern und -Photoelementen ja ganz bewußt so ausgewählt, daß er gut nachliefert.

Sperrende Kontakte bilden im Dielektrikum eine Verarmungsrandschicht mit kleiner Konzentration freier Ladungsträger, nachliefernde Kontakte dagegen eine Anreicherungsrandschicht, in der die Trägerkonzentration größer ist als im Innern des Dielektrikums. Den Übergang zwischen beiden bilden raumladungsarme „neutrale" Kontakte ohne nennenswerte Verbiegung der Energiebänder in der Kontaktzone (Abb. 2, linkes Teilbild). Solch ein

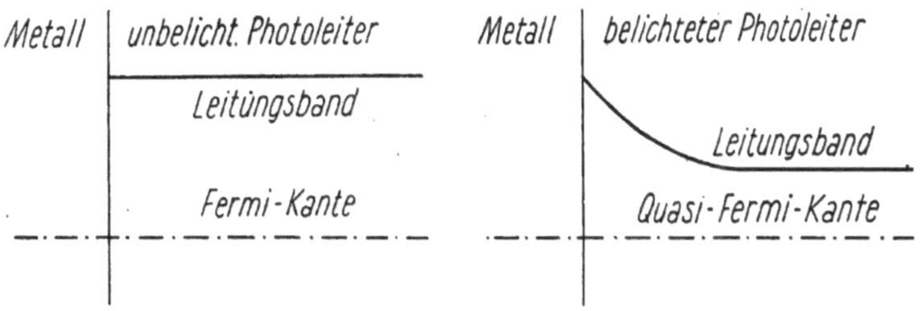

Abb. 2. Energieschema eines neutralen Kontakts bei einem n-Leiter (linkes Teilbild). Bei Belichtung (rechtes Teilbild) wird daraus ein sperrender Kontakt

Kontakt hat offensichtlich eine ohmsche Dunkelstrom-Kennlinie. Der Photostrom ΔI sollte dagegen gesättigt werden. Bei Belichtung rückt nämlich die Quasi-Fermi-Kante im Photoleiter näher an das Leitungsband. Im Kontakt bleibt jedoch der Abstand beider Niveaus unverändert, diese Energiedifferenz bedeutet ja die Austrittsarbeit für Ladungsträger aus dem Kontaktmaterial in den Photoleiter hinein und hängt nicht von der Belichtung ab. Für die Photoleitung existiert also eine Verarmungsschicht (Abb. 2, rechtes Teilbild), bei hohen Feldstärken wird darum der Photostrom gesättigt. Er wird allerdings größer als beim Photoelement, weil der neutrale Kontakt im Gegensatz zum sperrenden so viele Ladungsträger nachliefert, daß die Dunkelkonzentration im Photoleiter auch bei hohen Feldstärken aufrechterhalten bleibt. Vielleicht sind Messungen an Se-Photowiderständen mit Te-Kontakten so zu verstehen, über die kürzlich berichtet wurde.[1] Dort wurde bei Zimmertemperatur unter sehr verschiedenen Anregungsbedingungen stets eine Sättigung der Photoströme gefunden, und zwar bei Feldstärken von einigen 10^4 V/cm, bei denen der Dunkelstrom noch durchaus befriedigend ohmsches Verhalten zeigt.

Im Hinblick auf die vorliegende Fragestellung ist die Temperaturabhängigkeit der Ströme bemerkenswert. Bei tieferen Temperaturen wächst der Dunkelstrom dieser Photowiderstände überlinear mit der Spannung, der Photostrom ΔI zunächst auch, bei höheren Spannungen wird er aber doch wieder gesättigt. Die Lage der Fermi-Kante relativ zu den Energiebändern hängt im allgemeinen von der Temperatur ab. Darum kann man diese Beobachtungen mit der Annahme erklären, daß der Te-Kontakt bei tiefen Temperaturen „besser" wird, nämlich eine Anreichungsrandschicht bildet, die aber noch nicht genügend Majoritätsträger injiziert, um auch den Photostrom beliebig groß werden zu lassen. Ein entsprechendes „Besserwerden" des Kontakts mit abnehmender Temperatur, und zwar ein Übergang von sperrenden zu neutralen Kontakten bei Abkühlung, ist auch bei HgJ_2 mit Graphitelektroden

[1] Polke, M., Storch, G. und Stöckmann, F., Z. Phys. **154** (1959) 51.

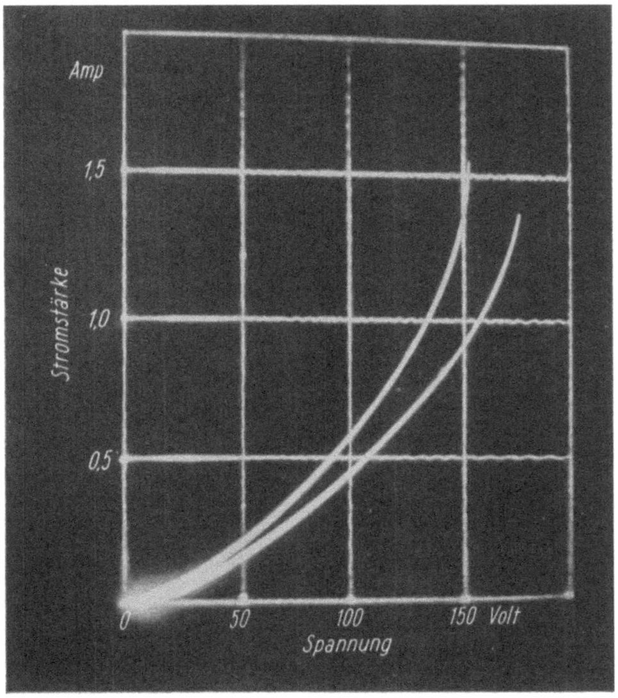

Abb. 1. Stromspannungs-Kennlinien eines Se-Photoelements bei hohen Spannungen in Durchlaßrichtung, oszillographisch aufgenommen bei der Entladung eines Kondensators über das Photoelement, die obere Kurve bei Belichtung, die untere im Dunkeln (Aufnahme von G. Storch)

gefunden worden.[1] Bei HgJ_2 mit Au-Elektroden ist dagegen die Temperaturabhängigkeit umgekehrt.[2] Dieses Verhalten kann man mit Abb. 2 erklären. Au ist ein sehr guter metallischer Leiter, also hängt die Lage der FERMI-Kante kaum von der Temperatur ab (im Gegensatz zum Te und zum Graphit), im HgJ_2 wird jedoch der Abstand der Quasi-FERMI-Kante vom Leitungsband mit abnehmender Temperatur kleiner, denn der Photostrom hängt nur wenig von der Temperatur ab. Analog zu Abb. 2 muß hier infolgedessen der Kontakt bei tiefer Temperatur schlechter nachliefern – in Übereinstimmung mit den Messungen.

Instruktiv sind Strom Spannungs-Messungen an HgJ_2-Kristallen mit einer Au- und einer Kohle-Elektrode[3]. Die letztere bildet im Gegensatz zu Au einen gut nachliefernden Kontakt, und dementsprechend ist die Kennlinie ähnlich unsymmetrisch wie beim Photoelement (Abb. 3). Für sich allein betrachtet, würde man den steilen Stromanstieg bei negativer Kohle-Elektrode vermutlich für das Vorstadium eines Durchschlags halten. Die Feldstärke von $3 \cdot 10^4$ V/cm könnte jedenfalls dazu ausreichen. Bei umgekehrter Polung mit negativer Au-Elektrode ist die Feldstärke aber genau so groß, trotzdem gilt hier ungefähr das Ohmsche Gesetz. Es muß also ein anderer Grund vorliegen, eine Injektion von Ladungsträgern aus der Kohle-Elektrode scheint die zwangloseste Annahme zu sein.

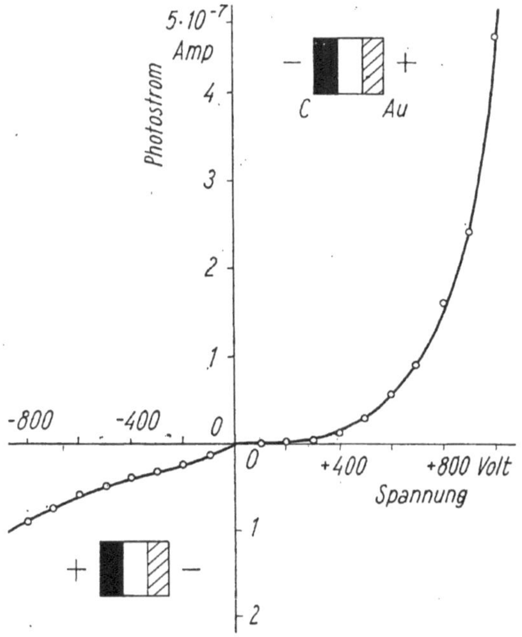

Abb. 3. Einfluß der Feldrichtung auf die Spannungs-Abhängigkeit des Photostroms in einem HgJ_2-Kristall mit einer Kohle- und einer Gold-Elektrode. $T = 20°$C; Elektrodenabstand: 0,3 mm; Wellenlänge: 600 mμ; Bestrahlungsstärke: $1{,}6 \cdot 10^{-3}$ W/cm².

Wie weit man diese Erfahrungen an Photoleitern beim Durchschlag eines Dielektrikums zu berücksichtigen hat, kann hier nicht diskutiert werden. Daß aber die Art der Kontakte – bei dem Versuch von Abb. 3 z. B., also die Polung – auch einen Einfluß darauf hat, wie der Durchschlag eingeleitet wird, dürfte kaum zweifelhaft sein.

(Darmstadt, Physikalisches Institut der Technischen Hochschule)

Diskussion

O. STASIW vertritt die Ansicht, daß die von STÖCKMANN vorgetragenen Messungen sich auch durch eine Feldanregung von Elektronen aus Haftstellen erklären lassen.

F. STÖCKMANN erwidert, daß diese Möglichkeit durchaus besteht. Es spricht jedoch für eine Injektion, daß die Strom-Spannungs-Charakteristik genau in einer Form erhalten wird, wie sie für einen raumladungsbegrenzten Strom zu erwarten ist.

---

[1] ÇHEPUR, D. V., Zhur. Tekh. Fiz. **25** (1955) 2411; **26** (1956) 553.
[2] BUBE, R. H., Phys. Rev. **106** (1957) 703.
[3] BATT, E. und STÖCKMANN, F., Z. Naturforsch. **13a** (1958) 352.

K. W. Böer bemerkt, daß die Ausbildung einer Verarmungsrandschicht nach den angeführten Überlegungen durch eine intensive Injektion verhindert werden sollte. Man dürfte demnach vor injizierenden Kathoden keinen Potentialsprung durch Potentialsondenmessungen feststellen.

F. Stöckmann bestätigt dies und bemerkt, daß auch an CdS-Einkristallen mit ohmschen Kontakten ein solcher Potentialsprung vor der Kathode durch Potentialsondenmessungen nicht mehr nachweisbar ist.

K. W. Böer äußert Bedenken, hiernach die experimentell gefundenen Gleichrichter-Charakteristiken nicht durch Verarmungsrandschichten, sondern mit Hilfe des Injektionsmechanismus zu erklären.

Raumladungsbegrenzte Ströme in CdS und ZnS

W. J. MERZ, Zürich

Das Verhalten des Dunkelstromes bei hohen Feldern in CdS wurde in den letzten Jahren von verschiedenen Autoren untersucht[1 2 3 4]. ROSE und SMITH[1 2] haben versucht, die Resultate durch raumladungsbegrenzte Ströme zu erklären, währenddem BÖER und KÜMMEL[3 4] die Resultate durch Feldanregung von Elektronen aus Haftstellen erklärten. ROSE und SMITH fanden, daß bei Anlegen eines hohen elektrischen Gleichfeldes die Kristalle sich negativ aufladen, was sie als Beweis der Existenz von raumladungsbegrenzten Strömen ansahen. BÖER und KÜMMEL andererseits fanden, daß die Kristalle sich negativ oder positiv aufladen können, was sie Kristallinhomogenitäten zuschrieben.

Dr. W. RUPPEL in unserem Laboratorium hat nun dieselben Experimente an CdS wiederholt in der Hoffnung, diese Diskrepanz beseitigen zu können. Er findet, daß es möglich ist, sowohl negative als auch positive Aufladungen in den Kristallen zu erhalten, daß aber die Bedingungen dafür genau definiert sind. Da der Kristall nicht im Dunkeln zwischen die zwei Indium- oder Platin-Kontaktspitzen eingespannt werden kann, ist er immer etwas photoleitend. Mißt man nun diesen Photostrom zum Zeitpunkt, in dem man den Kristall auf das Elektrometer fallen läßt, so findet man, daß die Aufladung immer negativ ist, wenn der Photostrom klein ist, und immer positiv, wenn der Photostrom groß ist. Dazwischen gibt es eine bestimmte Stromstärke, bei der keine Aufladung des Kristalls beobachtet werden kann. Die Erklärung ist, daß bei kleinen Photoströmen der Kontakt ohmsch ist und deshalb Raumladung injizieren kann, womit ein raumladungsbegrenzter Strom fließt und der Kristall sich negativ auflädt. Andererseits, bei hohen Photoströmen, wirkt die aufgedrückte Elektrode als Sperrkontakt, da nicht genügend Elektronen nachgeliefert werden können. Damit werden Elektronen aus dem Kristall herausgerissen und der Kristall zeigt eine positive Raumladung. Diese Resultate wurden sowohl mit Indium- als auch mit Platinelektroden erhalten.

Benutzt man aber Selenelektroden, die p-leitend sind, so findet man das umgekehrte Verhalten. Bei kleinen Photoströmen lädt sich der Kristall positiv auf, da Selen ein ohmscher Kontakt für Löcher ist, bei hohen Photoströmen hingegen lädt er sich negativ auf. Wir glauben deshalb, daß bei dünnen CdS-Kristallen raumladungsbegrenzte Ströme existieren und daß das Vorzeichen der Raumladung nicht durch Inhomogenitäten der Kristalle, sondern durch die Kontakte erklärt werden kann.

---

[1] SMITH, R. W. und ROSE, A., Phys. Rev. **97** (1955) 1531.
[2] ROSE, A., Phys. Rev. **97** (1955) 1538.
[3] BÖER, K. W. und KÜMMEL, U., Ann. Physik **20** (1957) 303.
[4] BÖER, K. W. und KÜMMEL, U., Ann. Physik **2** (1958) 1217.

Im Falle von ZnS ist die Situation einfacher, da dort immer eine negative Raumladung mit dem Elektrometer gefunden wird, unabhängig davon, was für Elektroden man benutzt, und unabhängig davon, wie groß der ohnehin kleine Photostrom ist. Zudem findet man in ZnS bei hohen Feldern oberhalb des steilen Anstieges ein quadratisches Verhalten[1] von Strom gegen Feld, was nur durch raumladungsbegrenzte Ströme erklärt werden kann.

In beiden Materialien können raumladungsbegrenzte Ströme nur dann beobachtet werden, wenn die Kristalle sehr rein und dünn ($d < 10\ \mu$) sind, da der raumladungsbegrenzte Strom mit d^{-3} geht.

(RCA-Laboratorium Zürich)

Diskussion

K. W. BÖER: Die von W. RUPPEL verwandten CdS-Einkristalle sind offensichtlich bedeutend dünner als die von uns verwandten Kristalle. Es ist leicht einzusehen, daß die Effekte in der Nähe der Kathode einen um so größeren Einfluß auf den fließenden Strom haben werden, je dünner der Kristall ist. Es ist durchaus zu erwarten, daß unterhalb einer bestimmten kritischen Dicke die Injektionseffekte den Stromfluß wesentlich beeinflussen können. Oberhalb dieser Dicke jedoch sollten Volumeneffekte den dominierenden Einfluß auf den Leitungsvorgang ausüben. Als solche den Leitungsvorgang bestimmenden Effekte sind die Feldanregung bei höheren Feldstärken und die Inhomogenität der Leitfähigkeit innerhalb des Kristalls zu erwähnen. Die kritische Dicke ist vermutlich eine Funktion von Anregung (z. B. optische Anregung), Temperatur, Konzentration von Störtermen usf.

F. STÖCKMANN bemerkt, daß der Polaritätswechsel der Aufladung mit sich änderndem Photostrom sehr einfach zu verstehen ist, wenn man berücksichtigt, daß mit wachsendem Photostrom die Konzentration der Elektronen im Innern des Photoleiters größer wird. Die Konzentration der Elektronen am Rand liegt jedoch fest. Ist die Randkonzentration größer als die Innenkonzentration, d. h. also bei kleinen Lichtintensitäten, kann der Kontakt als injizierend bezeichnet werden. Hier treten Injektionseffekte und damit auch eine negative Aufladung des Kristalls in Erscheinung. Ist jedoch die Elektronenkonzentration im Innern größer als am Rande, also bei hohen Intensitäten der Lichtanregung, so wirkt der Kontakt nicht mehr injizierend, es tritt eine Verarmungsrandschicht auf, es wird keine negative Aufladung des Kristalls gegen die Umgebung mehr gemessen.

W. J. MERZ bestätigt die von K. W. BÖER und F. STÖCKMANN geäußerten Ansichten.

---

[1] RUPPEL, W., Helvetica Physica Acta 31 (1958) 311 und Physikertagung Essen 1958.

Dielektrische Nachwirkungen an CdS-Einkristallen

U. Kümmel, Berlin

Betrachten wir ein Dielektrikum oder genauer einen Photohalbleiter bei tiefen Temperaturen. Dieser Photohalbleiter, hier ein CdS-Einkristall, wird bei Versuchsbeginn belichtet und dann abgedunkelt. Dadurch wird ein Besetzungszustand der Terme in der verbotenen Zone eingefroren, der nicht der tiefen Temperatur des Gitters entspricht. So werden Terme in der Nähe des Leitungsbandes eine höhere Besetzung aufweisen, als es im Gleichgewicht der Fall wäre.

Die Überführung dieses eingefrorenen Zustandes in den Gleichgewichtszustand erfolgt bei tiefen Temperaturen sehr langsam. Sie kann durch das Abklingen des Photostromes verfolgt werden, solange die Elektronen im Leitungsband und in den Termen dicht unter dem Leitungsband im Quasigleichgewicht stehen.

Der Übergang in den Gleichgewichtszustand kann durch Anlegen eines elektrischen Feldes beschleunigt werden, wie wir das schon öfter beschrieben haben.[1]

Es erscheint uns z. Z. nicht entscheidbar, ob die Abnahme des Stromes bei der Einstellung des Gleichgewichtes stets durch einen Gloweffekt[2] bedingt wird, oder ob der Vorgang der Stromherabsetzung mehr Ähnlichkeit mit einer feldbedingten Tilgung besitzt.

Wie es auch sei, gemeinsam ist beiden Modellvorstellungen eine Entleerung von Termen oberhalb der Fermigrenze. Es werden schließlich – gleich über welche Umwege – Elektronen aus hochgelegenen Termen in den Ausgangszustand zurückbefördert (Abb. 1).

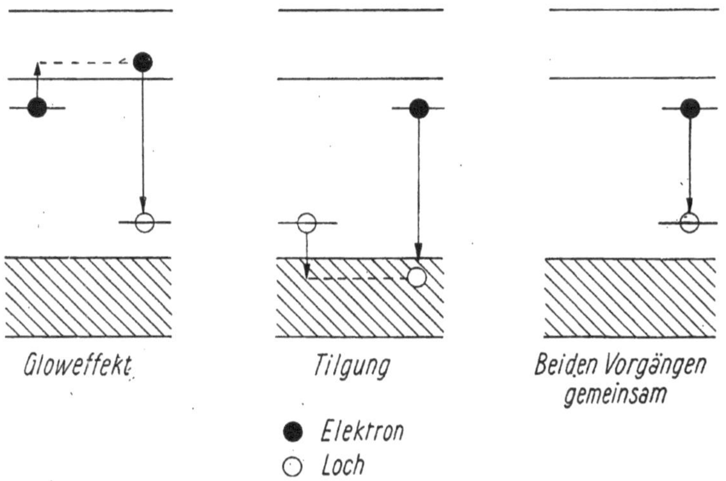

Abb. 1.

Es ist schwer, von vornherein zu sagen, ob dieser elektrische Glow- oder Tilgungsvorgang gleichzeitig das gesamte

---

[1] Böer, K. W. und Kümmel, U., Ann. Physik **14** (1954) 341; **16** (1955) 181; Z. Naturforsch. **13a** (1958) 698.

[2] d. h. eine elektrische Anregung von Elektronen aus Hafttermen in das Leitungsband.

2*

Kristallvolumen erfaßt. Die durch das Feld bedingte meßbare Leitfähigkeitsverminderung kann z. B. darauf beruhen, daß bestimmte schon vorher etwas hochohmigere Gebiete besonders schnell in das thermische Gleichgewicht zurückgeführt werden.

Ist das der Fall, so würden sich, wenn das elektrische Feld eine Zeitlang angelegen hat, diese hochohmigen Gebiete in ihrer Leitfähigkeit noch mehr von den übrigen unterscheiden.

Dielektrische Nachwirkungen – wie sie von geschichteten Medien her bekannt sind – müßten sich in verstärktem Maße bemerkbar machen.

Ich möchte diesen Vorgang an einem stark vereinfachten Modell noch näher erläutern: Denken wir uns einen Kristall durch ein dreischichtiges Medium ersetzt (Abb. 2).

Die Dielektrizitätskonstanten seien für alle drei Schichten gleich. Die Leitfähigkeiten mögen für die beiden äußeren Schichten größer sein als für die mittlere.

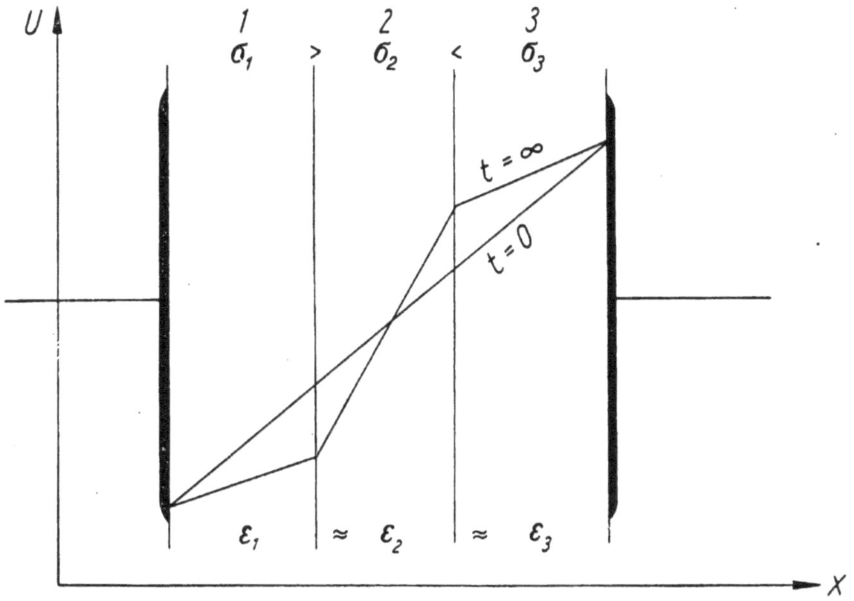

Abb. 2.

Wird nun eine elektrische Spannung an die Elektroden gelegt, so wird die Feldverteilung im Moment des Einschaltens durch die Dielektrizitätskonstanten bestimmt. Wir würden also in unserem Falle für diesen Zeitpunkt ($t = 0$) eine Gleichverteilung vorfinden.

Für spätere Zeiten wird die Feldverteilung durch die Bedingung

$$\sigma_1 \mathfrak{E}_1 = \sigma_2 \mathfrak{E}_2 = \sigma_3 \mathfrak{E}_3$$

bestimmt, d. h. die Feldstärken in den Bereichen verhalten sich umgekehrt wie ihre Leitfähigkeiten.

Diese Leitfähigkeiten $\sigma_1, \sigma_2, \sigma_3$ oder die ihnen entsprechenden Konzentrationen der Leitungselektronen n_1, n_2, n_3 sind zeitlich nicht konstant. Sie nehmen mit der Zeit ab, und zwar im selben Maße, wie sich der Zustand des betrachteten Bereiches dem thermodynamischen Gleichgewicht nähert.

Die Annäherung an den Gleichgewichtszustand erfolgt jedoch um so schneller, je höher die Feldstärke im betreffenden Bereich ist.

$$n_i = f(t, \mathfrak{E}_i) .$$

Eine schematische Darstellung derartiger Abklingvorgänge zeigt Abb. 3.

Die Kurve n_k stellt das Abklingen der Leitungselektronenkonzentration eines relativ niederohmigen Gebietes dar, z. B. das der Schicht 1. Die Kurve n_i zeigt den Abklingvorgang eines hochohmigeren Gebietes, z. B. den der Schicht 2.

Beide Kurven verlaufen im allgemeinen nicht parallel. Die Abklingkurve des hochohmigen Gebietes verläuft zuerst steiler. Hier beschleunigt die größere Feldstärke das Abklingen. Der Abstand dieser Kurven hat zu einem bestimmten Zeitpunkt einen maximalen Wert. Für große Zeiten nähern sich die Kurven wieder. Sie nähern sich ihrem dichter beieinander liegenden stationären Endwert.

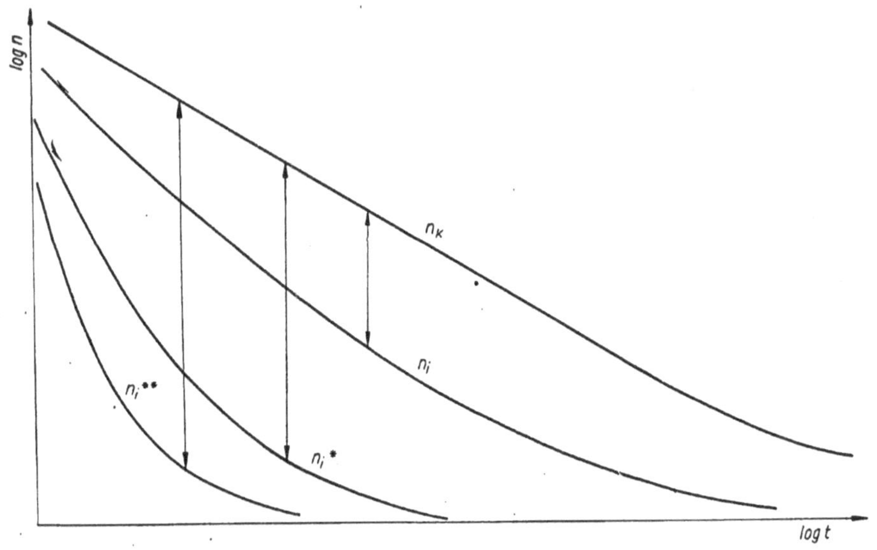

Abb. 3. Abklingen der Leitungselektronenkonzentration für Gebiete verschiedener Leitfähigkeit (schematisch).

Dieser Abstand der Kurven in der log. Darstellung gibt das Verhältnis der Konzentration der Leitungselektronen oder das Verhältnis der Feldstärken in den Bereichen an. Er stellt also ein Maß für die Inhomogenität der Feldverhältnisse dar. Steigert man die an die äußeren Belege angelegte Spannung, so wird sich der Abklingvorgang im k-Bereich nur wenig ändern. Im i-Bereich jedoch wird das Abklingen wesentlich steiler erfolgen (dargestellt durch Kurve n_i^*); da hier die Feldstärke größer ist und die Übergangswahrscheinlichkeiten exponentiell von von der Feldstärke abhängen.

Schließlich kann es nach Anlegen einer höheren Spannung nach einer gewissen Zeit zu einem extremen Feldstärkeverhältnis kommen (Kurve n_i^{**}). Für den i-Bereich wird hier die kritische Feldstärke erreicht, so daß es zu einer Anregung von Leitungselektronen aus Termen unterhalb der Fermigrenze kommt.

Es ist jetzt die Feldstärke so groß, daß eine stationäre Anregung von Elektronen aus ständig besetzten Termen unterhalb der Fermi-Grenze möglich wird.

Über den jeweiligen inneren Zustand des Dielektrikums nach einer bestimmten Spannungsbelastung geben Messungen der dielektrischen Nachwirkungen, also des Abklingens der Polarisation nach dem Abschalten der außen angelegten Spannungsquelle, Auskunft.

An den Trennflächen der einzelnen Bereiche sammeln sich entsprechend dem Sprung der Feldstärke positive bzw. negative Ladungen an.

Nach Abschalten des äußeren Feldes verbleiben diese Ladungen noch eine gewisse Zeit im Dielektrikum. Sie können auch hier ein zeitweiliges Kurzschließen der äußeren Belege des Dielektrikums überleben. Der Abbau der Polarisation erfolgt über Teile des hochohmigen inneren Kristallwiderstandes. Er nimmt deshalb große Zeiten in Anspruch.

Je hochohmiger die durch den elektrischen Entleerungsvorgang am stärksten betroffenen Kristallgebiete sind, um so längere Zeiten wird die Polarisation zu ihrem Abbau benötigen Je größer die Differenz der Leitfähigkeiten der verschiedenen Teilgebiete ist, um so höher werden die Werte der verbleibenden Polarisationsspannung liegen.

Aus diesem Grunde wurden Messungen des Abklingens der elektrischen Polarisation durchgeführt.

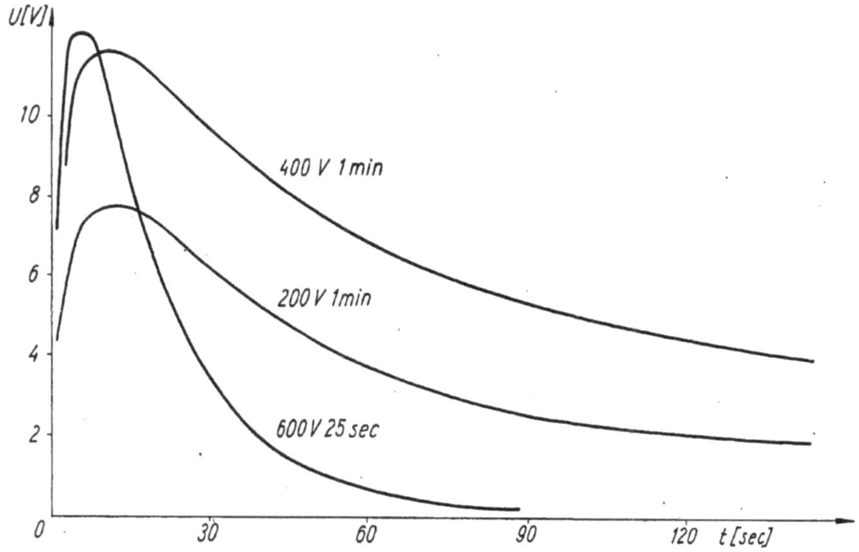

Acb. 4. Abklingen der Polarisationsspannung nach verschiedenen Belastungen.

Die Messungen zeigen, daß die einmal erzeugte Polarisation auch nach Kurzschließen der Metallbelege wieder auftritt und dann erst nach langer Zeit allmählich verschwindet (Abb. 4). Die Abb. 4 zeigt weiter den Einfluß der Höhe der Spannungsbelastung der Probe vor der Aufnahme des Abklingens bei konstanter Belastungszeit, Abb. 5 den Einfluß der Belastungszeit bei konstanter Belastungsspannung.

Die Messungen bestätigen die eben angestellten Überlegungen, wonach sich nach längerer Belastungszeit ein homogenerer Zustand des Dielektrikums einstellt.

Der Polarisationszustand des Dielektrikums ist um so höher und ausgeprägter, je höher die Spannungsbelastung war. Er erreicht aber bei einer bestimmten Spannung einen Maximalwert und fällt dann stark ab. Hier beginnt eine starke durch das Feld bedingte Stromträgerproduktion.

Hier werden auch die dielektrischen Nachwirkungen wieder kleiner. Der Zustand des Dielektrikums ist jetzt homogener, außerdem ist die Leitfähigkeit angewachsen. Das Abklingen erfolgt schneller.

Dieser Prozeß kann unter gegebenen Bedingungen den materialzerstörenden Durchschlag einleiten. Diese Überlegungen lassen die oft beobachtete Tatsache verstehen, daß ein mit einer konstanten Spannung belasteter CdS-Kristall erst nach einer gewissen Zeit (rund

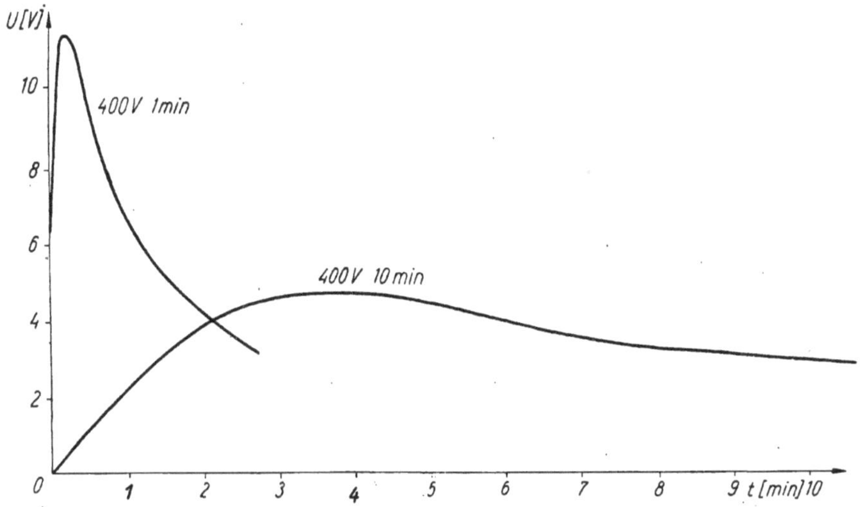

Abb. 5. Abklingen der Polarisationsspannung nach Anlagen von 400 V an die Probe für 1 und für 10 Minuten.

1 Minute) einen starken Stromanstieg zeigt, der schließlich zum Durchschlag führt (Ermüdungsdurchschlag).

Zusammenfassend sei folgendes vermerkt: Wird eine Spannung an einen CdS-Kristall gelegt, so wird im Moment des Einschaltens die Feldverteilung im Kristallinneren durch die Dielektrizitätskonstanten bestimmt. Für spätere Zeiten bestimmen die Leitfähigkeiten der einzelnen Teilbereiche die Feldverteilung. Die Leitfähigkeiten sind jedoch im allgemeinen nicht konstant, sondern z. B. beim Abklingen der Photoleitung eine monoton abnehmende Funktion der Zeit und der Feldstärke. Dadurch bedingt können noch nach längeren Zeiten (1 Minute) wesentliche Veränderungen in der Feldverteilung und so z. B. ein Durchschlag eintreten.

(Physikalisch-Technisches Institut der Deutschen Akademie der Wissenschaften zu Berlin. Bereich Elektrischer Durchschlag)

Diskussion

G. VAJDA bemerkt, daß die Belastungszeit der Dielektrika entscheidend die Nachwirkungserscheinungen beeinflußt.

F. OBENAUS erklärt, daß dielektrische Nachwirkungen besonders an Stoffen auftreten, die eine starke Neigung zum Wärmedurchschlag besitzen.

U. KÜMMEL antwortet, daß an den untersuchten CdS-Einkristallen nur bei Belichtung ein Wärmedurchschlag festgestellt werden kann. Bei den angegebenen Untersuchungen wurden die Kristalle jedoch im Dunkeln belassen, ihre Leitfähigkeit ist dann so gering, daß sicher keine Wärmedurchschläge auftreten.

K. W. BÖER bemerkt ergänzend, daß große dielektrische Nachwirkungen sich häufig für dielektrische Verluste nur im Bereich sehr kleiner Frequenzen bemerkbar machen.

Durchschlag von CdS-Einkristallen bei Impulsbeanspruchung

J. Dziesiaty, Berlin

Es wurden einige Ergebnisse vorgetragen, die bei der Untersuchung von CdS-Einkristallen mit Spannungsimpulsen gewonnen wurden.

Es wurden rechteckige Spannungsimpulse variabler Länge, Amplitude und Folgefrequenz an den Kristall gelegt und die Stromimpulse oszillographiert. Die Impulsmeßanlage ist eine Eigenentwicklung, sie liefert Rechteckimpulse mit einer Länge von 3 μs — 1000 μs. Die Amplitude beträgt max. 1000 V_{ss}; die Folgefrequenz kann zwischen 1 Hz und 10 kHz eingestellt werden.

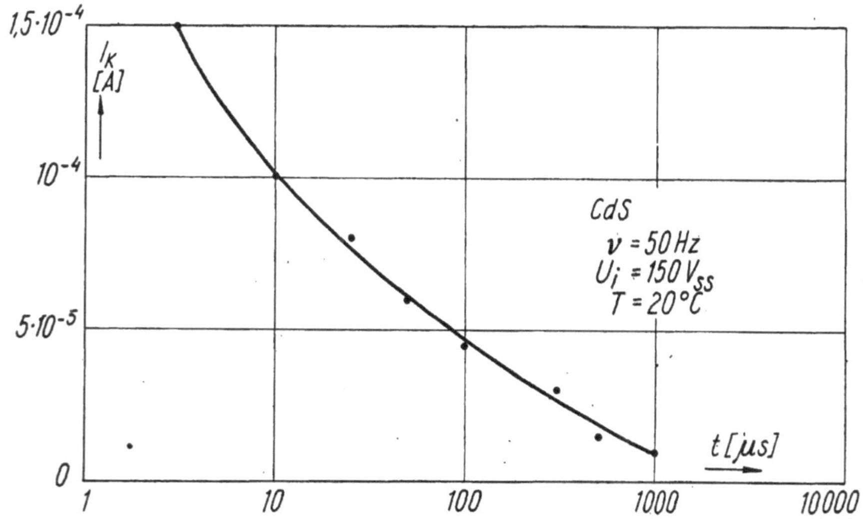

Abb. 1. Kristallstrom I_k als Funktion der Impulsbreite t.

Strommessungen an CdS-Einkristallen zeigen, daß der Kristallstrom mit der Wirkdauer der angelegten Spannung rasch sinkt (Abb. 1). Dieses Absinken des Kristallstromes läßt sich durch eine Aufladung der Grenzflächen der Bereiche mit unterschiedlicher Leitfähigkeit innerhalb des Kristalls erklären. Hierbei wird zunächst eine zeitlich konstante Leitfähigkeit der Bereiche vorausgesetzt. Nach dem Anlegen einer Spannung fließt zum Leitungsstrom zusätzlich ein Strom, der die Grenzflächen auflädt und mit der Zeit abnimmt.

Diese Aufladung konnte von K. W. Böer und U. Kümmel direkt nachgewiesen werden.[1] Strom-Spannungskennlinien, die mit Impulsen aufgenommen wurden, unterscheiden sich

[1] Böer, K. W. und Kümmel, U., Z. Naturforsch. **12a** (1957) 8.

wesentlich von den mit Gleichspannung gewonnenen Kurven (Abb. 2). Am auffälligsten ist, daß der Strom bei Impulsen um mehrere Größenordnungen über dem Wert des Stromes liegt, der beim Anlegen einer Gleichspannung gemessen wird. Die Strom-Spannungskennlinien selbst sind einfache Potenzgesetze von der Form

$$I \sim U^a ,$$

a ist belichtungsabhängig und nimmt Werte zwischen 1 und 5 an, wobei a mit abnehmender Lichtintensität anwächst.

Dadurch werden die experimentellen Ergebnisse von SMITH und ROSE[1] erweitert, die lediglich den Exponenten 2 angeben. Es entfällt damit aber auch die einfache von SMITH und ROSE gegebene Deutung der Experimente als raumladungsbegrenzte Ströme unter Voraussetzung einer Elektroneninjektion.

Des weiteren erkennt man, daß man bei der Messung mit Impulsen die Spannung über den Durchschlagspunkt bei Gleichspannung steigern kann, ohne daß der Kristall durchschlägt. Die Tatsache, daß bei Gleichfeldbelastung eine geringere Durchschlagsspannung gefunden wird, kann einfach erklärt werden, wenn man berücksichtigt, daß Bereiche unterschiedlicher Leitfähigkeit zu einer Verzerrung des elektrischen Feldes im Innern des Kristalles führen, wie es U. KÜMMEL in seinem Vortrag beschrieben hat.

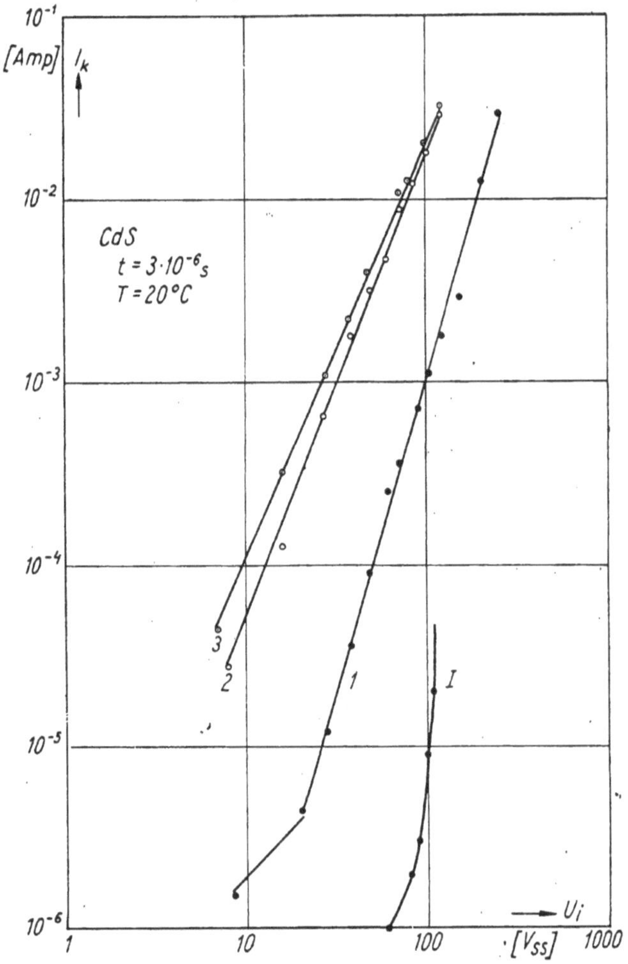

Abb. 2. Kristallstrom I_k als Funktion der angelegten Spannung. I = Gleichstromkurve, 1 bis 3 = Impulsstromkurven.

Im Gebiet geringer Leitfähigkeit kann die kritische Feldstärke erreicht werden, es findet dann hier eine starke Erhöhung der Ladungsträgerkonzentration durch Feldanregung statt; unter Umständen kann der Kristall in diesen Gebieten beginnend elektrisch durchschlagen. Dafür, daß dieser Vorgang bereits innerhalb sehr kurzer Zeiten stattfinden kann, liefern die folgenden Oszillogramme des Stromimpulses durch den Kristall einen Hinweis.

Abb. 3a zeigt den Stromimpuls bei einem angelegten Feld, das beträchtlich unterhalb der Durchbruchsfeldstärke liegt. Wie erwartet nimmt der Strom mit der Zeit ab. In Abb. 3b liegt die angelegte Spannung dicht unterhalb der Durchschlagsspannung. Es wird mit dem Aufbau der Polarisation ein Anwachsen der Feldstärke in Bereichen geringer Leitfähig-

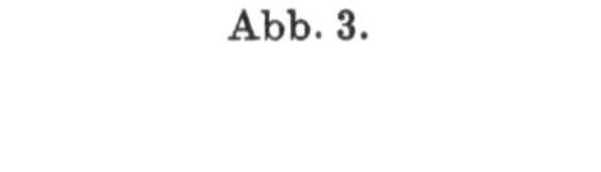

Abb. 3.

[1] ROSE, A. und SMITH, R. W., Phys. Rev. 97 (1955).

keit stattfinden. Nach Überschreiten der kritischen Feldstärke setzt dort eine zusätzliche Elektronenproduktion durch Feldanregung ein. Vom Zeitpunkt τ an steigt der Strom wieder (Abb. 3b).

In Abb. 3c schließlich ist die Impulsspannung derartig hoch, daß der Zeitpunkt τ schon nach so kurzer Zeit erreicht wird, daß er vom Oszillographen nicht mehr aufgelöst wird. Der Strom nimmt monoton mit der Zeit zu.

Durch Beanspruchung mit kurzzeitigen Spannungsimpulsen wird die Aufladung eines aus vielen Bereichen unterschiedlicher Leitfähigkeit bestehenden Kristalls herabgesetzt, das Dielektrikum wird homogen beansprucht. Für den Durchschlag von CdS-Einkristallen ist deshalb bei Impulsbelastung eine höhere Spannung notwendig als bei Gleichspannungsbelastung. Man erhält experimentell für Impulsbreiten von 3 μs Werte für die Durchschlagsspannung, die um den Faktor 1,5 bis 3 über dem Wert bei Gleichspannungsbeanspruchung liegen.

Aus unseren Messungen ist zu ersehen, daß für abnehmende Impulsbreiten noch weitere Änderungen des Stromes und der Durchschlagsfeldstärke zu erwarten sind. Es ist deshalb ein Meßplatz für Zeiten bis 50 ns im Bau.

Durch diese Messungen sollte gezeigt werden, daß zur experimentellen Bestimmung der realen Durchschlagsfeldstärke Impulsmessungen unerläßlich sind.

(Physikalisch-Technisches Institut der Deutschen Akademie der Wissenschaften zu Berlin. Bereich Elektrischer Durchschlag)

Diskussion

W. J. Merz fragt, ob bereits eine Erklärung für die Intensitätsabhängigkeit des Exponenten des Potenzgesetzes der Strom-Spannungs-Charakteristiken bei Impulsbeanspruchungen gegeben werden kann.

K. W. Böer verneint diese Frage. Er weist außerdem darauf hin, daß die Messungen der Durchschlagsfeldstärke mit Impulsen von entscheidender Wichtigkeit sind. Nur im Augenblick des Einschaltens ist das Feld in einem Kristall weitgehend homogen, da sich die Dielektrizitätskonstanten von Kristallbereich zu Kristallbereich nur äußerst geringfügig unterscheiden. Erst wenn es gelingt, Messungen bei sehr kurzen Impulsen auszuführen, werden wir in der Lage sein, hinreichend genaue Angaben über die reale Durchschlagsfeldstärke zu machen.

Der elektrische Durchschlag an $p - n$-Übergängen in Silizium

JAN TAUC und ANTONIN ABRAHÁM, Prag

Im vorliegenden Referat wird über einige Effekte berichtet, die wir beim elektrischen Durchschlag an $p-n$-Übergängen in Silizium beobachtet haben. Die Experimente wurden mit Übergängen durchgeführt, die aus der Schmelze gezogen wurden. Aus dem Einkristall wurden Proben mit einem Querschnitt von etwa 2×2 mm und einer Länge von etwa 1 cm mit dem eigentlichen Übergang in der Mitte herausgeschnitten. Die Proben wurden in einer Mischung von Salpetersäure und Flußsäure geätzt.

Eine typische Gleichrichtercharakteristik dieser Proben ist in Abb. 1 angegeben. In der Sperrichtung unterscheiden wir drei Gebiete: ein Sättigungsstromgebiet und dann zwei Durchschlagsgebiete.

Im ersten Durchschlagsgebiet ist die Spannung vom Strom fast unabhängig, die Sperrspannung wächst mit wachsender Temperatur, und alles deutet darauf hin, daß es sich um einen lawinenartigen Prozeß handelt, der durch Stoßionisation verursacht wird. Diese Durchschlagsart wurde von McKAY und seinen Mitarbeitern eingehend studiert [1, 2]. NEWMAN[3] hat als erster beobachtet, daß in diesem Gebiet Lumineszenz entsteht. In der Tat, an unseren Proben leuchtete die Linie des $p-n$-Überganges in weißem Licht. Bei Beobachtungen mit Hilfe eines Mikroskopes konnte man sehen, daß die Gerade in eine Reihe von mehr oder weniger leuchtenden Punkten zerlegt werden kann.

Wir haben uns die Frage gestellt, ob diese Elektrolumineszenz mit einer äußeren Elektronenemission verbunden ist. Zu dieser Frage wurden wir dadurch verleitet, daß ein Zusammenhang zwischen der Lumineszenz und äußeren Elektronenemission an Alkalihalogeniden existiert, die in unserem Institut von BOHUN[4, 5] oft beobachtet wurde. Wir konnten tatsächlich diese Elektronenemission feststellen.[6]

Dazu haben wir einen an der Luft arbeitenden Geiger-Spitzenzähler benützt. Die Spitze befand sich einige Millimeter vom Übergang entfernt und hatte eine Spannung von etwa 2000 Volt. Die Impulse wurden mit Hilfe eines Reduktors gezählt. Als wir die Spannung an dem $p-n$-Übergang in der Sperrichtung erhöhten, konnten wir gleichzeitig mit der visuellen Beobachtung der Lumineszenz die äußere Elektronenemission feststellen. Als wir den Strom erhöhten, stieg die Zahl der emittierten Elektronen ebenso wie die Intensität der Lumineszenz, aber eine einfache Relation zwischen beiden konnten wir nicht finden. Es

---

1 McKAY, K. G. und McAFEE, K. B., Phys. Rev. **91** (1953) 1079.
2 McKAY, K. G., Phys. Rev. **94** (1954) 877.
3 NEWMAN, R., Phys. Rev. **100** (1955) 700.
4 BOHUN, A., Czechosl. J. Phys. **5** (1955) 224.
5 BOHUN, A., Czechosl. J. Phys. **6** (1956) 496.
6 TAUC, J., Nature **181** (1958) 38.

schien, als wenn die hellen weißen Punkte Elektronen emittieren. Wenn nur rote Punkte, die nach Newman und McKay der Strahlung aus dem Innern des Siliziums entsprechen, beobachtet wurden, war die Emission sehr klein. An Übergängen, deren Oberfläche durch mechanisches Polieren zerstört wurde und deren Gleichrichtercharakteristiken schlecht waren, erschienen weiße Punkte bei verhältnismäßig kleinen Spannungen, die aber oft wenig Elektronen emittieren. Die beste Emission erhielten wir an neu geätzten Übergängen, wo die Lumineszenz als eine helle fast kontinuierliche Gerade erschien.

Für die Erklärung dieses Effektes haben wir uns vorgestellt, daß bei dem lawinenartigen Durchschlag einige Elektronen genügend hohe Energien haben, um die Austrittsarbeit des Siliziums (etwa 3,5 eV) zu überwinden. Diese Vorstellung ist mit der Spektralanalyse des in den hellen Punkten entstehenden Lichtes im Einklang. Chynoweth und McKay[1] haben gezeigt, daß die Photonenenergien über 3,2 eV reichen.

Etwa gleichzeitig mit unseren Arbeiten wurden ähnliche Experimente mit Silizium $p - n$-Übergängen in den Bell-Laboratorien von Burton[2] durchgeführt. Burton hat jedoch nicht wie wir mit reinen Oberflächen gearbeitet, hat aber die Oberfläche mit Caesium bedeckt, um die Austrittsarbeit zu erniedrigen. Dadurch konnte er viel größere Ströme bekommen, die er direkt messen konnte. Die von Burton beobachteten Ströme betrugen mehr als 50 μA, während wir höchstens etwa 100 Elektronen in der Sekunde feststellen konnten.

Das Studium der Geschwindigkeiten der emittierten Elektronen ist recht schwierig, weil die hohe Spannung am Übergang die Messungen sehr stört. Der Effekt ist auch vom praktischen Standpunkt aus interessant, weil dieser Übergang als eine Kathode arbeiten kann, die in der Zeit von etwa 10^{-9} Sekunden ein- oder ausgeschaltet werden kann.

Wir kehren jetzt zu unserer ersten Figur zurück. Wenn wir während der äußeren Elektronenemissionsbeobachtung den Strom durch den Übergang steigerten, stieg zuerst die Elektronenemission, aber dann nach dem Erreichen eines gewissen Wertes war sie plötzlich verschwunden. Zugleich verschwand auch die weiße lumineszierende Gerade, und an dem Übergang erschien ein einziger roter Punkt. Die Spannung am Übergang erniedrigte sich sprunghaft (der Sprung $a - a'$ in der Abb. 1). Wenn wir den Strom weiter erhöhten, folgte die Strom-Spannung-Charakteristik dem Gesetz $J\,U = \text{const}$. Die Kurve der Abbildung wurde oszillographisch mit Wechselstrom (50 Hz) gemessen. Die Messungen mit Gleichstrom sind schwieriger, weil die Temperatur des Überganges während der Messungen nicht konstant ist.

Der beobachtete rote Punkt hat folgende Eigenschaften: Er entsteht gewöhnlich an der Stelle, wo vorher ein großer heller lumineszierender Punkt war, seine Position ist aber nicht stabil (Abb. 2). Wenn wir mit Gleichstrom messen, können wir ihn auch bei einem kleineren Strom beobachten als dem, der zu seiner Entstehung nötig war. Seine Dimensionen steigen mit dem Strom, seine Farbe wird mehr und mehr dunkel. Seine Temperatur ist höher als die Temperatur des ganzen Überganges. Z. B. zündet sich ein Zigarettenpapier unter gewissen Umständen an dem roten Punkt an, wie wir es unter einem Mikroskop beobachten konnten.

Wir haben zuerst versucht, den roten Punkt als eine Art von Lumineszenz zu erklären; das ist uns aber nicht gelungen. Wir sind schließlich zur Überzeugung gekommen, daß dieser Effekt durch eine Temperaturerhöhung in einem kleinen Teil der Potentialbarriere im $p - n$-Übergang verursacht wird.[3] In diesem Teil verschwindet die Barriere und bietet dem durchfließenden Strom keinen Widerstand. Durch diese heiße Stelle fließt der größte Teil des Stromes, der die nötige Wärmeleistung zur Erhaltung ihrer hohen Temperatur erzeugt.

---

[1] Chynoweth, A. G. und McKay, M. G., Phys. Rev. **102** (1956) 369.
[2] Burton, J. A., Phys. Rev. **108** (1957) 1342.
[3] Tauc, J. und Abrahám, A., Phys. Rev. **108** (1957) 936.

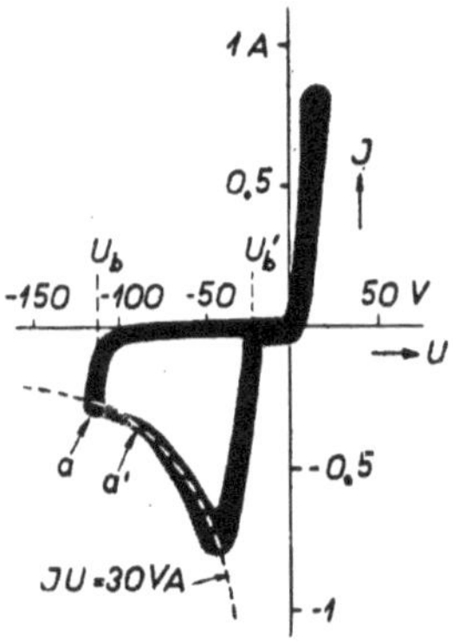

Abb. 1. Gleichrichtercharakteristik eines p — n-Überganges in Silizium.

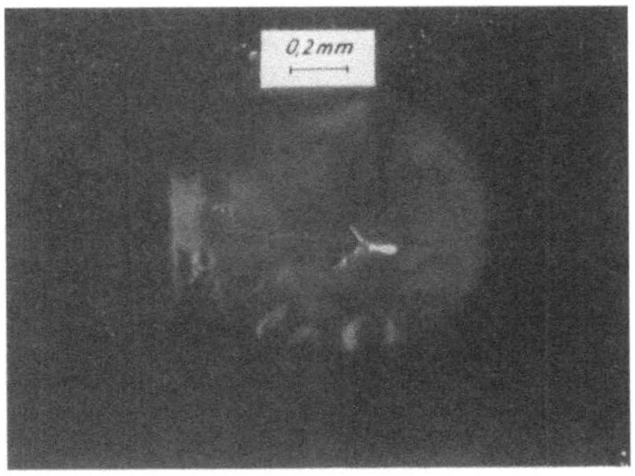

Abb. 2. Photographie des roten Punktes an einem p — n-Übergang in Silizium. Die Gerade wurde sichtbar gemacht durch Ätzung und zeigt den eigentlichen Übergang. Die Belichtung der photographischen Platte dauert etwa zehn Minuten; während dieser Zeit war der Punkt nicht stabil. Er entstand zuerst an einer Stelle, wo an der geätzten Oberfläche Störungen (wahrscheinlich Dislokationen) sichtbar sind, entfernte sich dann sprungweise nach rechts. Ein größerer Teil des Punktes lag im p-Material, das eine größere elektrische Leitfähigkeit hatte.

Aus dieser Vorstellung folgt, daß die Farbe des roten Punktes der Temperatur des Punktes entspricht. Wir setzen voraus, daß der lawinenartige elektrische Durchschlag in einen Wärmedurchschlag übergehen kann, wenn der letzte ökonomischer ist. Das erste Gebiet des Durchschlages kann als eine Analogie zur Glimmentladung, das zweite Gebiet als eine Analogie zur Lichtbogenentladung in Gasen betrachtet werden.

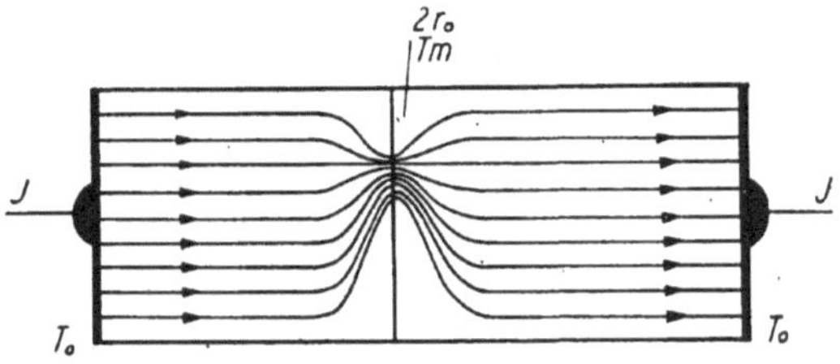

Abb. 3. Zur Berechnung des thermischen Durchschlages.

Ich werde kurz die theoretischen und experimentellen Daten angeben, auf die sich unsere Vorstellung stützt. Wir können eine theoretische Abschätzung des Vorganges machen, indem wir annehmen, daß der ganze Strom durch ein kreisförmiges Loch mit konstanter Temperatur T_m fließt, die höher als die Tempeartur des Kontaktes T_0 ist (Abb. 3). Die Temperatur-

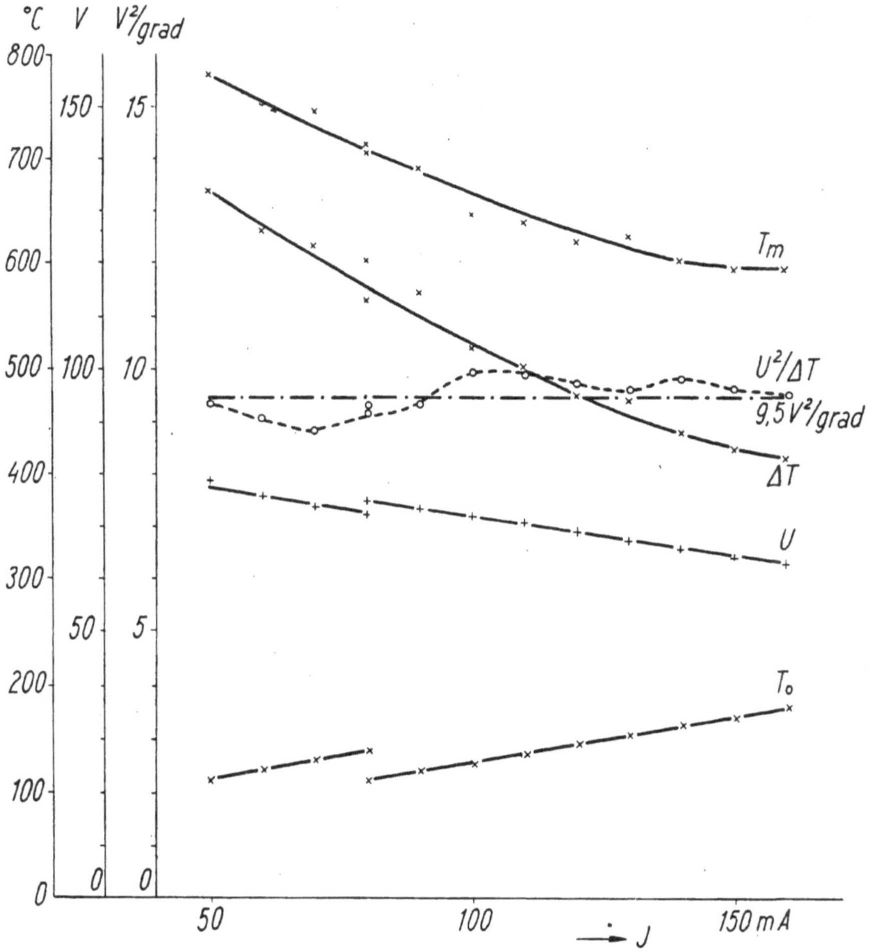

Abb. 4. Die gemessene Abhängigkeit der Spannung U, der Temperatur der Kontakte T_0, der Temperatur des roten Punktes T_m, $\Delta T = T_m - T_0$ und $U^2/\Delta T$ vom Strom J.

differenz $\Delta T = T_m - T_0$ können wir ähnlich wie in der Theorie der elektrischen Kontakte berechnen (vgl. z. B. das Buch von HOLM[1]). Wir erhielten die folgende Näherungsformel:

$$U^2 = 2\,\Delta T\,[(\overline{\varrho_n \lambda_n})^2 + (\overline{\varrho_p \lambda_p})^2], \tag{1}$$

wo ϱ_n, ϱ_p die elektrischen spezifischen Widerstände und λ_n, λ_p die spezifischen Wärmeleitfähigkeiten sind. Der Strich gibt an, daß es sich um einen Mittelwert in dem Temperaturbereich T_0, T_m handelt.

Wir haben die Temperatur T_m mittels eines Pyrometers bestimmt. Die gemessenen Abhängigkeiten von U, T_0, T_m und $T_m - T_0$ von dem Gleichstrom J sind in der Abb. 4 angegeben. Wir sehen, daß $U^2/\Delta T$ fast konstant ist, wie es die Gleichung (1) verlangt. Wenn

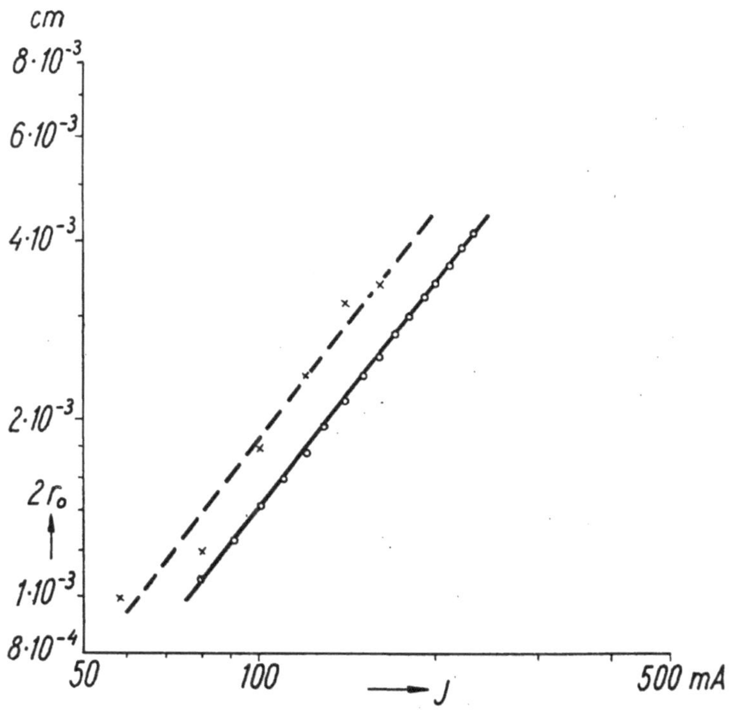

Abb. 5. Die gemessene (×) und berechnete (●) Abhängigkeit des Durchmessers des roten Punktes $2\,r_0$ vom Strom J.

wir näherungsweise voraussetzen, daß $\lambda_n = \lambda_p =$ const in dem betrachteten Temperaturintervall ist und für $\overline{\varrho}_n, \overline{\varrho}_p$ die gemessenen Werte 1,4 und 0,5 Ω cm (die im betrachteten Temperaturintervall fast konstant waren) einsetzen, erhalten wir mit dem gemessenen Wert $U^2/\Delta T = 9{,}5\ V^2/$grad für $\lambda_n = \lambda_p$ etwa 1,3 W/cm grad. Es stehen keine exakten Messungen von λ_n, λ_p von Silizium in diesem Temperaturintervall zur Verfügung, jedenfalls erscheint die Größenordnung als ganz vernünftig. Damit ist gezeigt, daß die qualitative Leistungsbilanz im roten Punkt nicht unserer Vorstellung widerspricht.

Wir haben weiter unsere Vorstellung durch die Messung der in Abb. 5 angegebenen Abhängigkeit des Durchmessers $2\,r_0$ des roten Punktes vom Strom J unterstützt. Wenn wir bei der Voraussetzung $\lambda_n \equiv \lambda_p \equiv$ const bleiben, können wir für den Engewiderstand im

[1] HOLM, R., Die technische Physik der elektrischen Kontakte. Springer-Verlag, Berlin 1941.

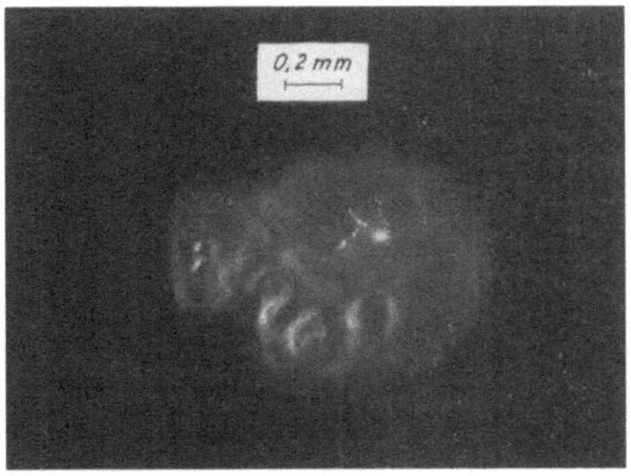

Abb. 6. Bei größeren Strömen wird der rote Punkt dunkel, seine Ränder werden unscharf, und manchmal entfernt er sich von der Geraden des Überganges, wie in der Figur ersichtlich ist.

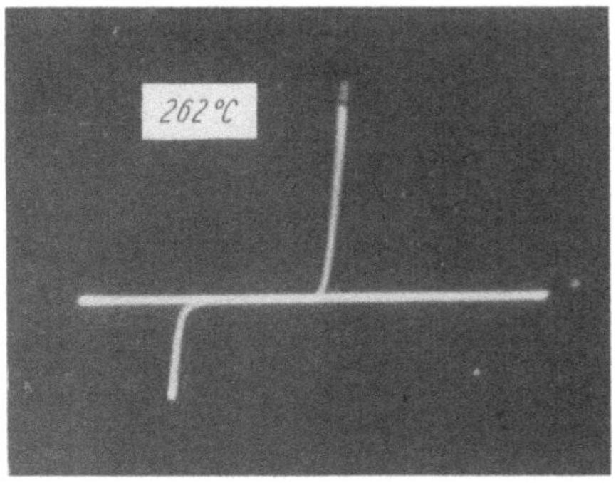

Abb. 7a. Die Charakteristik in dieser Form wurde im Temperaturbereich von Zimmertemperatur bis zu etwa 260°C beobachtet. Für die Größe der Spannung und des Stromes vgl. Abb. 1.

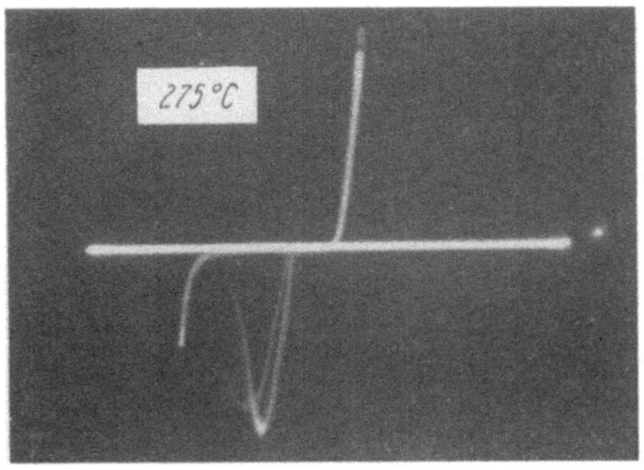

Abb. 7b. Bei einer etwas höheren Temperatur wurde der thermische Durchschlag beobachtbar. Der thermische Durchschlag setzte bei einem niedrigeren Strom ein, wenn die Temperatur höher war (d. h. bei weiteren Stromzyklen).

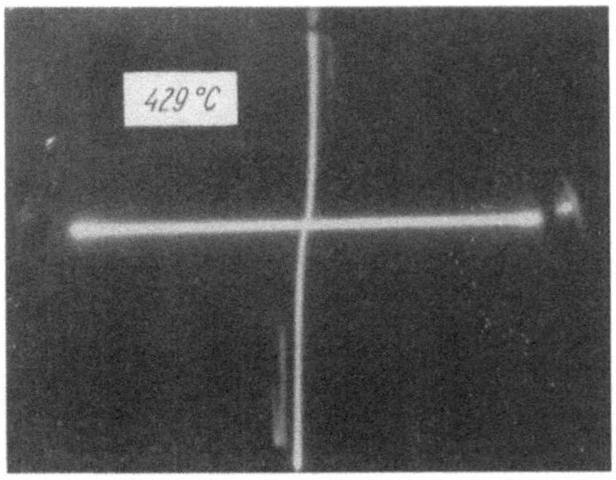

Abb. 7e. Erst bei einer Temperatur über etwa 429°C ist die Gleichrichtercharakteristik ganz verschwunden.

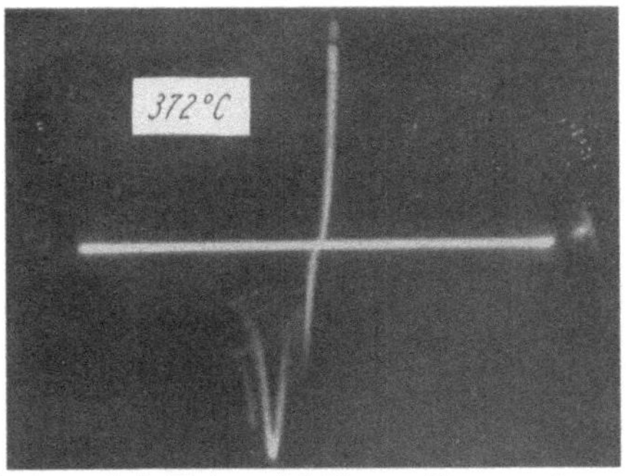

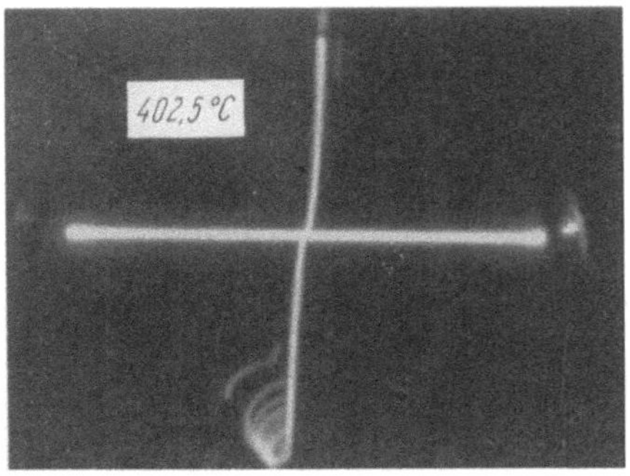

Abb. 7c und d. Bei noch höheren Temperaturen ist der Sättigungsstrom groß, der lawinenartige Durchschlag ist überhaupt nicht mehr zu beobachten, der thermische Durchschlag setzt gleich ein.

Abb. 7. Die Gleichrichtercharakteristiken eines $p - n$-Überganges in Abhängigkeit von der Temperatur der Umgebung, die in der Figur angegeben ist. Die Charakteristiken wurden mit Wechselstrom mit der Frequenz von 50 Hz gemessen und nach Einschalten des Stromes während der ersten Zyklen photographiert. Der Wechselstrom verursachte eine additive Erwärmung des Überganges, so daß die Temperatur der Proben bei dem zweiten Zyklus höher als beim ersten war usw.

roten Punkte näherungsweise schreiben:

$$\frac{U}{J} = \frac{\bar{\varrho}_n + \bar{\varrho}_p}{4 r_0} \quad (2)$$

Mit den gemessenen Werten U, J, ϱ_n, $\bar{\varrho}_p$ konnten wir aus dieser Gleichung $2 r_0$ bestimmen (Abb. 5).

Wir können natürlich nicht erwarten, daß das berechnete $2 r_0$ mit den Dimensionen des wirklich beobachteten Punktes genau übereinstimmt. Nur die Größenordnung und die Abhängigkeit von J sollten übereinstimmen, was auch wirklich der Fall ist.

Wir sehen, daß die einfache Vorstellung ganz gut die beobachteten Tatsachen erklärt. In der Abb. 6 ist jedoch eine Beobachtung, die wir nicht erklären konnten: wenn der Strom hoch ist, dann entfernt sich manchmal der Punkt von der Geraden, die den Übergang bezeichnet, und zwar trat er in unserem Fall in das p-Material, welches eine höhere spezifische Leitfähigkeit hatte.

Wir wollen noch bemerken, daß Silizium ein ideales Material zur Beobachtung aller Durchschlagsarten ist: in diesem Material kann nicht nur der elektrische Teil des Durchschlages, sondern sogar der thermische Teil stabil beobachtet werden. Um sich eine Vorstellung zu machen, was dieses Material ohne irreversible Änderungen ertragen kann, will ich zum Schluß noch einige Charakteristiken zeigen, die wir an unseren p — n-Übergängen beobachtet haben (Abb. 7). Bei diesen Messungen befand sich der Übergang in einem Ofen, dessen Temperatur in Abb. 7 angegeben ist. An diesen Bildern ist ersichtlich, wie sich drei Teile des Stromes in der Sperrichtung an dem Durchschlag beteiligen: der Sättigungsstrom, der Strom im elektrischen Teil des Durchschlages, der Strom im thermischen Teil des Durchschlages. Es ist bemerkenswert, daß alle diese Charakteristiken ganz reversibel beobachtet werden konnten, wenn die Temperatur wieder erniedrigt wurde.

(Institut für technische Physik der Tschechoslowakischen Akademie der Wissenschaften, Prag)

Diskussion

K. W. Böer: Es erscheint interessant, wie Silizium einerseits und CdS andererseits offensichtlich im Vorgang der Lumineszenz ähnliche Effekte zeigen. Auch wir haben vor längerer Zeit über die Lumineszenz von Einkristallen berichtet. Wir hatten zunächst den Eindruck, daß der *gesamte* Kristall rot leuchtet und haben später auch grüne Lumineszenz gefunden. Wir haben dann die Erscheinung unter dem Mikroskop verfolgt und ein ähnliches Bild gefunden wie Tauc und Abrahám; so auch bemerkenswerterweise in der Färbung. So beobachteten wir auch gelblich-weiß erscheinende Lichtpunkte. Wir haben festgestellt, daß diese Punkte Sprünge machen und offensichtlich Stellen bevorzugen, an denen die Feldstärke besonders hoch ist (vgl.[1]). Wenn die an den Kristall gelegte Spannung erhöht wurde, konnten auch grüne, später auch rote Punkte beobachtet werden. Es wurden zwei Arten von roten Lichtpunkten gefunden: solche von orange und solche von roter Färbung. Die orangefarbenen Lichtpunkte sind wahrscheinlich auf eine einfache Erwärmung zurückzuführen. An diesen Stellen (das passiert hauptsächlich in der Nähe der aufgedampften Goldbelege) treten deutlich sichtbare thermische Materialzerstörungen auf.

R. Rompe erwähnt Vorgänge der äußeren Feldemission an nadelförmigen CdS-Kristallen. Hier wird die Spitze unter rotem Leuchten nicht thermisch zerstört, sondern durch andere Vorgänge zerrissen (abgebaut).

J. Tauc betont, daß sämtliche Vorgänge reversibel sind, auch das Wandern des roten Fleckes relativ zum p — n-Übergang.

---

[1] K. W. Böer, Tagungsber. Greifswald 1959 (im Druck).

Heiße Elektronen in Germanium

K. Seeger, Heidelberg

Zwischen dem Bereich kleiner elektrischer Feldstärken, in dem das Ohmsche Gesetz gilt, und dem Durchschlagsgebiet gibt es bei Germanium einen Bereich, in dem sich bei konstanter Ladungsträgerkonzentration die Beweglichkeit der Ladungsträger mit der Feldstärke ändert. Dies verursacht eine entsprechende Änderung der elektrischen Leitfähigkeit. Die Leitfähigkeit wird erhöht im Gebiet vorwiegender Coulomb-Streuung, die z.B. bei Germanium mit mehr als 10^{16} Ionen/cm^3 bei der Temperatur der flüssigen Luft auftritt. Die Leitfähigkeit wird erniedrigt im Gebiet vorwiegender Gitterstreuung. Dies kann bei Germanium mit weniger als 10^{16} Ionen/cm^3 bei Temperaturen zwischen der der flüssigen Luft und z. B. Zimmertemperatur beobachtet werden. Bei normalem Germanium mit flachen Haftstellen von 0,01 eV Energie in einer Konzentration von mehr als einigen 10^{13}/cm^3 liegt in diesem Temperaturbereich das Störleitungsgebiet mit konstanter Ladungsträgerdichte. Ryder und Shockley[1] haben 1951 Messungen der Leitfähigkeit bei gepulsten Gleichfeldstärken bis zu 10^4 V/cm publiziert. Bei Feldstärken E über einigen 10^3 V/cm ist die Beweglichkeit $\mu \sim E^{-1}$, d. h. die Driftgeschwindigkeit $\mu \cdot E$ konstant und von der Größenordnung 10^7 cm/sec. Bei vorwiegender Coulomb-Streuung[2] folgt der anfänglichen Beweglichkeitserhöhung mit zunehmender Feldstärke eine Erniedrigung. In starken Feldern ist die Coulomb-Streuung mit der Streuwahrscheinlichkeit $\sim v^{-3}$ gegen die Gitterstreuung mit der Wahrscheinlichkeit $\sim v$ zu vernachlässigen, weil sich die mittlere Elektronengeschwindigkeit v mit der Feldstärke erhöht (Elektronenaufheizung) und die Streuwahrscheinlichkeiten sich addieren.

Nach einer von Morgan[3] entwickelten Methode wurden zur Elektronenaufheizung Mikrowellenfelder an Stelle der sonst üblichen Gleichfelder[1,2] verwendet. Diese Methode ist vorteilhaft, weil die Mikrowellen im Hohlleiter kontaktlos an das Germanium angelegt werden und keine hohen Feldstärken über Metall-Germanium-Kontakten mit ihren Gleichrichtungs- und Injektionseigenschaften auftreten. Die Übereinstimmung[4] der nach den beiden Methoden gewonnenen Ergebnisse an Germanium-Einkristallen mit $5 \cdot 10^{14}$ Elektronen/cm^3 bzw. $3 \cdot 10^{15}$ Defektelektronen/cm^3 läßt vermuten, daß die Ladungsträger der Mikrowellenfrequenz von $3{,}5 \cdot 10^{10}$ Hz noch praktisch trägheitslos folgen. Mit der Mikrowellenmethode konnten Messungen an Kristallen mit Ladungsträgerdichten zwischen einigen 10^{13}/cm^3 und 10^{16}/cm^3 gemacht werden. Die beobachtete Abhängigkeit von der Ladungsträgerdichte weist auf die Bedeutung der Elektron-Elektron-Wechselwirkung für die Elektronenaufheizung hin, vielleicht in der Art, wie sie z. B. von Morgan[5] kürzlich diskutiert wurde.

---

1 Ryder, E. J. and Shockley, W., Phys. Rev. **81** (1951) 139.
2 Ryder, E. J., Phys. Rev. **90** (1953) 766.
3 Morgan, T. N., Bull. Amer. Phys. Soc. II **2** (1957) 265.
4 Seeger, K., Phys. Rev. (im Druck).
5 Morgan, T. N., J. Phys. Chem. Solids **8** (1959) 245.

Auch eine Vermehrung der Ladungsträger mit zunehmender Feldstärke wurde im Germanium beobachtet. Bei 4°K Kristalltemperatur wurde bei praktisch konstanter Feldstärke von einigen V/cm eine Zunahme der Stromstärke bis zu 6 Zehnerpotenzen erreicht.[1] Es handelt sich dabei um eine Ionisation der 0,01 eV Niveaus, die bei 4°K thermisch besetzt sind. Bei einer Aufheizung des Elektronengases im elektrischen Feld verschiebt sich das Besetzungsgleichgewicht zugunsten einer Ionisation. In Mikrowellenfeldern wurde ein qualitativ gleichartiges Verhalten beobachtet.[2] Ein quantitativer Vergleich ist nicht möglich wegen der bei 4°K genügend großen Trägheit der Ladungsträger. Auch eine Stoßionisation tiefer Niveaus (z. B. Zn in Ge mit 0,1 eV Energie) wurde bei 78°K bei Einwirken starker Gleichfelder[3] oder Mikrowellenfelder[4] beobachtet. Die Wahrscheinlichkeit für derartige Prozesse ist jedoch dadurch stark herabgesetzt, daß im Feld genügend beschleunigte Ladungsträger ihre Energie durch Emission optischer Phononen von 0,034 eV Energie[5] bevorzugt abgeben.

Von GUNN[6] wurde ein Durchschlag in Germanium bei 63 kV/cm und Zimmertemperatur bemerkt. Die Deutung dieser Erscheinung ist noch nicht klar, möglicherweise handelt es sich um einen Oberflächenüberschlag.

Diese Untersuchungen an „heißen Elektronen“ in Germanium wurden durchgeführt, um einen Einblick in die Elektron-Gitter-Wechselwirkung im unpolaren Halbleiter zu gewinnen. Möglicherweise wird man aus solchen Untersuchungen auch Aufschlüsse über die Struktur der Bänder nahe der Bandkanten erhalten können. Die Beobachtung einer Stoßionisation, womöglich mit Hilfe des HALL-Effekts, dürfte starkes technisches Interesse besitzen.[7]

(University of Illinois, USA, jetzt II. Physikalisches Institut der Universität Heidelberg)

Diskussion

W. FRANZ: Bei den von SEEGER vorgetragenen Untersuchungen handelt es sich um Leitungsvorgänge, die bei verhältnismäßig geringen Feldstärken vor sich gehen. Die Energie der Elektronen ist hier wesentlich kleiner als 1 eV. Es tritt wohl eine Stromträgervermehrung auf, und man beobachtet eine Abweichung vom Ohmschen Gesetz. Unter der Annahme einer Stoßionisation kann man verstehen, daß sehr flache Niveaus, die bei den sehr tiefen Temperaturen mit Elektronen besetzt sind, ionisiert werden.

Eine wesentliche Abweichung von der MAXWELLschen Verteilung der Elektronen sollte jedoch bei den geringen Feldstärken nicht auftreten.

---

[1] KOENIG, S. H. and GUNTHER-MOHR, G. R., J. Phys. Chem. Solids 2 (1957) 268; SCLAR, N. and BURSTEIN, E., J. Phys. Chem. Solids 2 (1957) 1.

[2] SEEGER, K., J. Appl. Phys. (im Druck).

[3] BROWN, D. M. and BRAY, R., Bull. Amer. Phys. Soc. II 4 (1959) 185.

[4] SEEGER, K., Bull. Amer. Phys. Soc. II 3 (1958) 112.

[5] PELAH, I., EISENHAUER, C. M., HUGHES, D. J. and PALEVSKY, H., Phys. Rev. 108 (1957) 1091.

[6] GUNN, J. B., J. Electronics 2 (1956) 87.

[7] REDIKER, R. H. and McWHORTER, A. L., Low Temperature Semiconducting Computing Elements. Halbleiter-Konferenz Brüssel, Juni 1958.

Zum Durchschlag dünner Schichten

W. MISSELWITZ, Berlin

Unter der Annahme, daß Elektronenstoßionisationsprozesse mit lawinenartiger Vermehrung der Ladungsträger für den Durchschlag verantwortlich sind, ergibt sich nach FRÖHLICH eine logarithmische Abhängigkeit der Durchschlagsfeldstärke von der Dicke des Isolators. Dieses Verhalten ist darin begründet, daß die durch Stoßionisation freigesetzten Elektronenlawinen bei dünnen Schichten bereits die Anode erreichen, ehe sie die zum Durchschlag

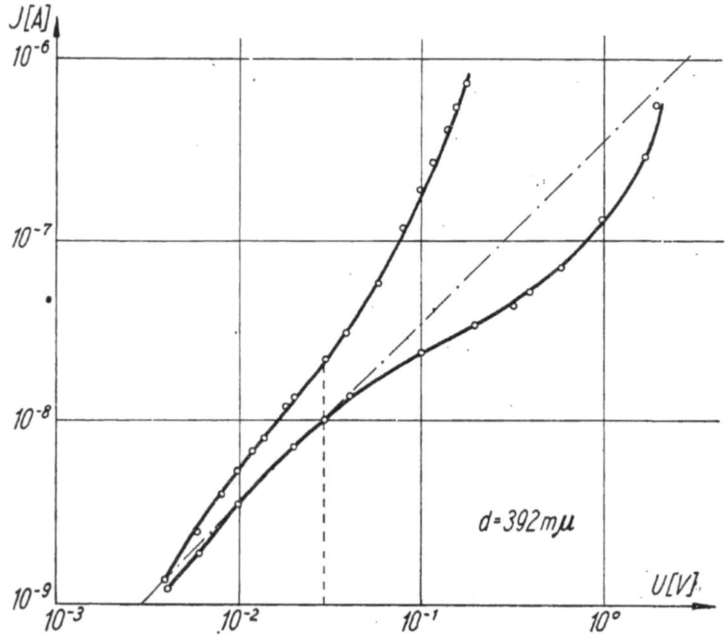

Abb. 1. Strom-Spannungskennlinie einer 392 mμ dicken CdS-Schicht.
Untere Kurve in Sperrichtung,
obere Kurve in Durchlaßrichtung gemessen.

erforderliche Größe annehmen. Bei dünnen Schichten sollte demzufolge von einer bestimmten Dicke an mit abnehmender Dicke eine zunehmend höhere Feldstärke erforderlich sein, um einen Durchschlag zu erzielen.

Dies sollte an CdS geprüft werden. Zur experimentellen Ermittlung der Dickenabhängigkeit der Durchschlagsfeldstärke wurden CdS-Aufdampfschichten unterschiedlicher Dicke von 50 mμ bis zu 2 μ hergestellt und untersucht.

Als Aufdampfmaterial wurde hochgereinigtes CdS-Pulver benutzt. Die Kondensation des Dampfes erfolgte auf einer ebenen, hochglanzpolierten, verchromten Metallplatte bei einer Temperatur dieser Platte von etwa 180–200° C während des Aufdampfprozesses. Schnelle und einwandfreie Schichtbildung konnte nur festgestellt werden, wenn die Verdampfung verhältnismäßig rasch vor sich ging. Die Schichten wurden im Anschluß an das Aufdampfen 1–2 Stunden bei 300° C getempert, teilweise aber auch ungetempert vermessen. Unter normalen Umständen bildeten sich, wie das Interferenzfarbbild zeigte, Schichten von weitgehend gleichmäßiger Dicke auf der etwa 15 cm² großen Oberfläche der Trägerplatte.

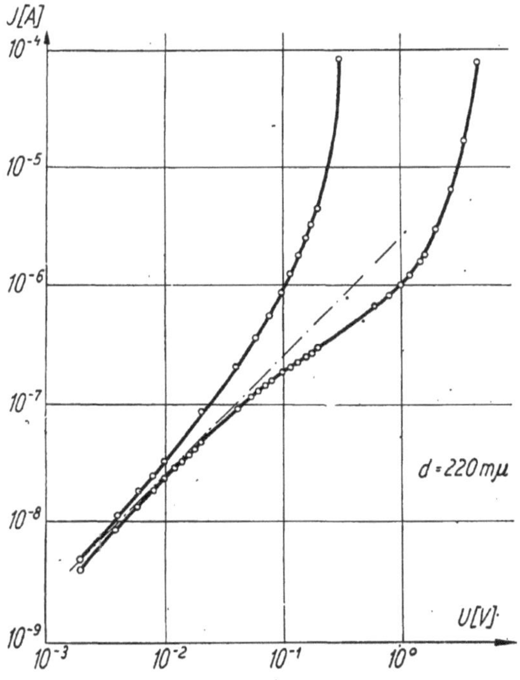

Abb. 2. Strom-Spannungskennlinie einer 220 mμ dicken CdS-Schicht.

Untere Kurve in Sperrichtung, obere Kurve in Durchlaßrichtung gemessen.

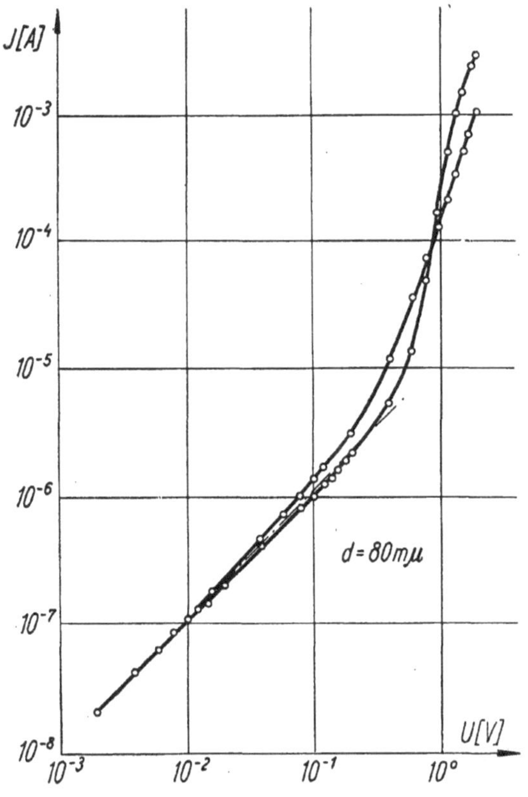

Abb. 3. Strom-Spannungskennlinie einer 80 mμ dicken CdS-Schicht.

Untere Kurve in Sperrichtung, obere Kurve in Durchlaßrichtung gemessen.

Durch geeignet geformte Blenden vor der Trägerplatte war es möglich, mit einem Aufdampfprozeß eine Schicht mit weitem Dickenintervall herzustellen. Es konnten auf diese Weise unter gleichartigen Entstehungsbedingungen Schichten von 50–300 mμ Dicke erzeugt werden. Die Dicke der Schicht wurde nach der Interferenzfarbenmethode und bei dickeren Schichten auch durch Wägung ermittelt.

Die Messungen an den Schichten fanden bei Zimmertemperatur außerhalb des Vakuums statt. Als Gegenelektrode wurde ein in einem Trolitulzylinder geführter Quecksilbertropfen mit einer Kontaktfläche von 0,8 mm² benutzt.

Wegen des sich aus den verschiedenen Kontaktmetallen ergebenden Gleichrichtereffektes wurden die Messungen sowohl in Sperr- als auch in Durchlaßrichtung durchgeführt.

Die an zahlreichen Schichten aufgenommenen Stromspannungskennlinien zeigen diesen Gleichrichtereffekt, der mit zunehmender Schichtdicke stärker ausgeprägt ist. Die Dickenabhängigkeit des Gleichrichtereffektes ist vermutlich darauf zurückzuführen, daß sich bei den dünnen Schichten die den Gleichrichtereffekt bewirkenden Verarmungsrandschichten nur unvollkommen ausbilden können. Aus den Abbildungen 1–3 ist die Abnahme des Gleichrichtereffektes mit abnehmender Dicke an 400, 200 und 80 mμ dicken Schichten ersichtlich.

Typisch für alle Stromspannungskennlinien ist ein bereits bei Feldstärken von 10^3 bis $5 \cdot 10^4$ V/cm, also bei Feldstärkewerten, die noch weit unterhalb der Durchschlagsfeldstärke liegen, beginnendes überlineares Anwachsen des Stromes mit dort einsetzender zunehmender Inkonstanz der Stromwerte, die im allgemeinen schwankend einem höheren Endwert zustreben.

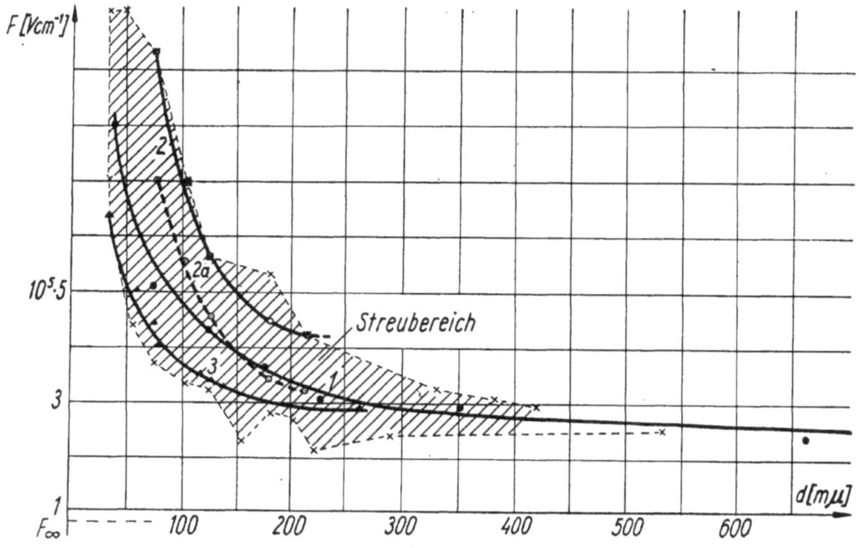

Abb. 4. Die Durchschlagsfeldstärke F als Funktion der Schichtdicke d (Schraffur = Streuberich) F_∞ = Durchschlagsfeldstärke einer sehr dicken Schicht.

Wird die Schicht nicht bis in das Gebiet des überlinearen Anstieges der Stromwerte belastet, so kann die Kennlinie reproduzierbar durchmessen werden. Die stärker belastete Schicht zeigt dagegen bei aufeinanderfolgenden Messungen jeweils eine Erhöhung der Leitfähigkeit.

Die Leitfähigkeiten der aus den verschiedenen Aufdampfungen gewonnenen Schichten sind recht unterschiedlich und bewegen sich, in Sperrichtung gemessen, im linearen Teil der Kennlinie für getemperte Schichten zwischen 10^{-6} und $5 \cdot 10^{-8}\ \Omega^{-1}\ \mathrm{cm}^{-1}$.

Zur Ermittlung der Durchschlagsfeldstärke in Abhängigkeit von der Schichtdicke wurde die Schicht mit einer sägezahnförmigen Spannung belastet mit einer Sägezahnlänge von etwa 1–1,5 sec.

In jedem Dickenbereich wurden auf diese Weise mindestens 10 Messungen durchgeführt. Die Meßwerte streuten nur unwesentlich. Ihr Mittelwert wurde als Meßpunkt in die Darstellung der kritischen Feldstärke in Abhängigkeit von der Schichtdicke eingetragen.

Die in Abb. 4 über der Dicke aufgetragenen Meßwerte der Kurve 1 lassen einen Anstieg der Durchschlagsfeldstärke mit abnehmender Dicke erkennen. Die durch die Schraffur angedeuteten Streuungen werden verständlich, wenn man bedenkt, daß die gesamten Meßwerte von über 40 aus verschiedenen Aufdampfprozessen gewonnenen Schichten stammen. Bei den eingangs erwähnten Schichten mit weitem Dickenintervall aus einer Aufdampfung weichen die aus den einzelnen Dickenbereichen ermittelten Meßwerte von einem stetigen Kurvenzug nur noch sehr wenig ab, wie die Kurven 2, 2a und 3 zeigen, die aus Messungen an solchen Schichten gewonnen wurden. Die Kurven 2 und 2a wurden an einer Schicht von geringerer Leitfähigkeit gemessen als die Kurve 3.

Bei Kurve 2 sind die Werte der Durchschlagsfeldstärke in Sperrichtung, bei Kurve 2a in Durchlaßrichtung gemessen. Überdies läßt sich aus den Messungen entnehmen:

1. Bei ungetemperten Schichten ist die Durchschlagsfeldstärke geringer als bei getemperten Schichten.
2. Ungetemperte Schichten zeigen eine bis zu zwei Größenordnungen höhere Leitfähigkeit als getemperte Schichten.
3. Bei oszillographisch aufgenommenen Impulsmessungen mit sägezahnförmig ansteigenden Spannungen und auch mit Rechteckimpulsen sind die Meßergebnisse bis herab zu $5 \cdot 10^{-2}$ sec unabhängig von der Impulsdauer. Bei Messungen mit Impulszeiten von $4 \cdot 10^{-3}$ sec konnte jedoch eine Vergrößerung der Durchschlagsfeldstärke etwa um den Faktor 1,7 beobachtet werden.

Vergleicht man die experimentell gewonnenen Werte der Durchschlagsfeldstärke mit einer von Fröhlich abgeleiteten Formel

$$F \geqq \frac{\sqrt{2\,I/m}}{b} \cdot \frac{1}{\log \dfrac{e d}{b \sqrt{2\,I\,m}}},$$

die die zur Lawinenbildung erforderliche Mindestfeldstärke zu errechnen gestattet, dann errechnet sich für eine Ionisierungsenergie von 2,4 eV – das ist der Band-Band-Abstand bei CdS – und für eine Beweglichkeit von $b = 100$ cm²/Vs die Kurve 4 der Abb. 5. Diese Kurve liegt weit oberhalb der experimentell gefundenen Werte und würde sich unter Berücksichtigung des Umstandes, daß die Beweglichkeit im Bereich hoher Feldstärken mit $F^{-1/2}$ bis F^{-1} abnimmt, noch weiter in Richtung höherer Feldstärken verschieben.

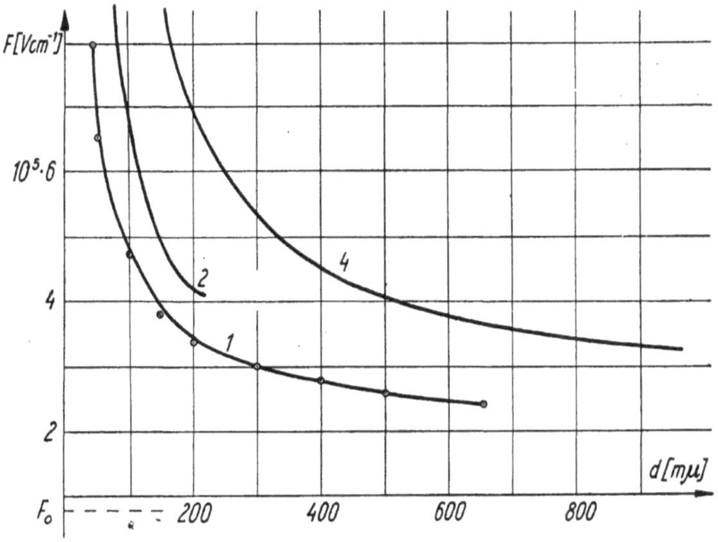

Abb. 5. Abhängigkeit der Durchschlagsstärke F von der Schichtdicke d.

Kurve 1 = Mittelwertkurve aus sämtlichen Aufdampfungen,
Kurve 2 = Meßwerte aus einer Aufdampfung,
Kurve 4 = Nach Fröhlich berechnete Werte mit $I = 2{,}4$ eV,
F_∞ = Durchschlagsfeldstärke einer sehr dicken Schicht.

Hält man dagegen eine aus Störtermen kommende

Anregung zur Lawinenbildung für wahrscheinlich, und das dürfte bei Aufdampfschichten sicher in einem noch höheren Maße als bei Kristallen zu erwarten sein, dann muß bereits eine kleinere Ionisierungsenergie ausreichen, um Lawinenbildung zu erzielen.

Für die experimentell ermittelten Werte der Durchschlagsfeldstärke der Kurve 2 der Abb. 5, die aus einer Aufdampfung mit weitem Dickenintervall gewonnen wurde, wurde nach obiger Formel mit $I = 1$ eV eine Beweglichkeit als Funktion der Feldstärke errechnet. Die Rechnung ergibt mit zunehmender Feldstärke eine Abnahme der Beweglichkeit entsprechend der ausgezogenen Kurve in Abb. 6. Nach dieser Rechnung beträgt die Beweglichkeit bei einer Feldstärke von 10^5 V/cm etwa 160 cm²/Vs und fällt auf 30 cm²/Vs bei einer Feldstärke von $9 \cdot 10^5$ V/cm ab.

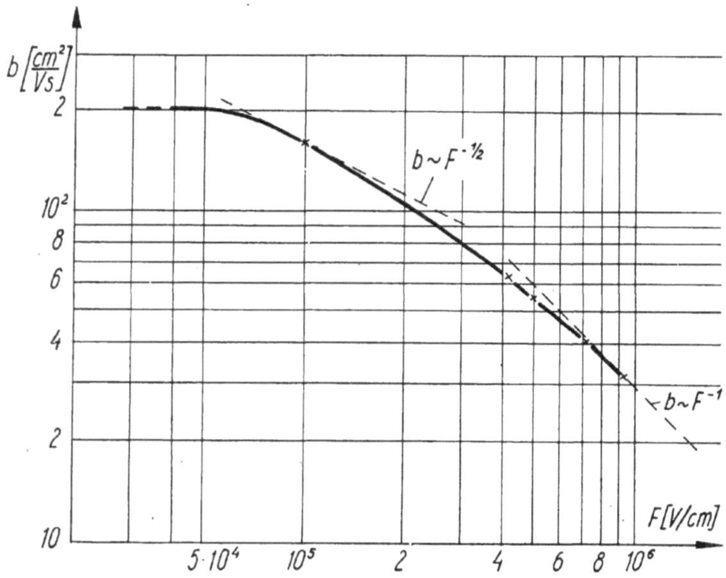

Abb. 6. Beweglichkeit b in Abhängigkeit von der Feldstärke F.

Da die für diese Auswertung benutzte Schicht, wie sich aus ihren Stromspannungskennlinien ergab, bis zu einer Feldstärke von $5 \cdot 10^4$ V/cm einen linearen Stromanstieg zeigte, wurde angenommen, daß der Beweglichkeitsabfall erst bei dieser Feldstärke einsetzte. Wird der nach der Formel von FRÖHLICH berechnete Beweglichkeitsverlauf bis zu dieser Feldstärke extrapoliert, dann erhalten wir für Feldstärken bis $5 \cdot 10^4$ V/cm eine konstante Beweglichkeit von etwa 200 cm²/V sec.

Die tangierenden Geraden stellen den Abfall der Beweglichkeit proportional $F^{-1/2}$ (obere Gerade) und proportional F^{-1} (untere Gerade) dar, d. h. der aus dem Feldstärkeanstieg errechnete Beweglichkeitsabfall ist danach im Bereich höherer Feldstärken etwa F^{-1} und im Bereich niedriger Feldstärken etwa $F^{-1/2}$ proportional.

Diskussion

J. MERZ fragt, warum eine Ionisierungsenergie von 1 eV angenommen wird.

K. W. BÖER: Dem Werte dieser Ionisierungsenergie ist keine besondere Bedeutung beizumessen. Unter Annahme einer solchen Ionisierungsenergie wurde lediglich der Verlauf der Beweglichkeit als Funktion der angelegten Feldstärke nach der FRÖHLICHschen Formel berechnet. Die relativ gute Übereinstimmung zwischen der theoretisch zu erwartenden Abhängigkeit der Beweglichkeit von der Feldstärke und dem auf diese Weise aus dem Experiment entnommenen Verlauf ist jedoch mit großer Vorsicht zu betrachten.

W. FRANZ macht darauf aufmerksam, daß die FRÖHLICHsche Formel nur für eine grobe Abschätzung zu verwenden ist. Für eine quantitative Berechnung der Werte für die Durchschlagsfeldstärke dürfte die Formel kaum zu gebrauchen sein.

Der Luftüberschlag als Modell des Isolierstoffdurchschlages

F. Obenaus, Dresden

Es ist das Ziel der Isolationstechnik zu wissen, welche Abmessungen eine Isolierung haben muß, damit sie der langdauernden Betriebsspannung und den hohen, aber meist kurzzeitig wirkenden Überspannungen gewachsen ist. Dazu muß die Abhängigkeit der Durchschlagspannung vom Durchschlagweg ($U_d = f(s)$) für Elektrodenformen jeder Art vom homogenen bis zum extrem inhomogenen Feld bekannt sein, und zwar nicht für Idealstoffe, sondern für technische Isolierstoffe mit all ihren Schwankungen als Folge der Rohstoffqualität, der Technologie usw.

Für die Erforschung des Durchschlages der technischen Isolierstoffe wird mit Erfolg der Luftdurchschlag gewissermaßen als Modell benutzt, weil hier die Vorgänge im Feld zu einem großen Teil sichtbar sind.[1] Der Einfluß der Elektrodenform kann aus den $U_d - s$-Kennlinien (Abb. 1) dieses Luftmodells abgelesen werden. Für die Anordnung Platte–Platte ist diese Kennlinie (U_{dh}) bei dem optimalen Homogenitätsgrad $\eta = 1$ eine Gerade. Für das stark inhomogene Feld zwischen Spitzen ($\eta \to 0$) ist sie in großen Bereichen ebenfalls eine Gerade ($U_{di\,min}$). Alle anderen Anordnungen mit Zwischenwerten von η haben gekrümmte

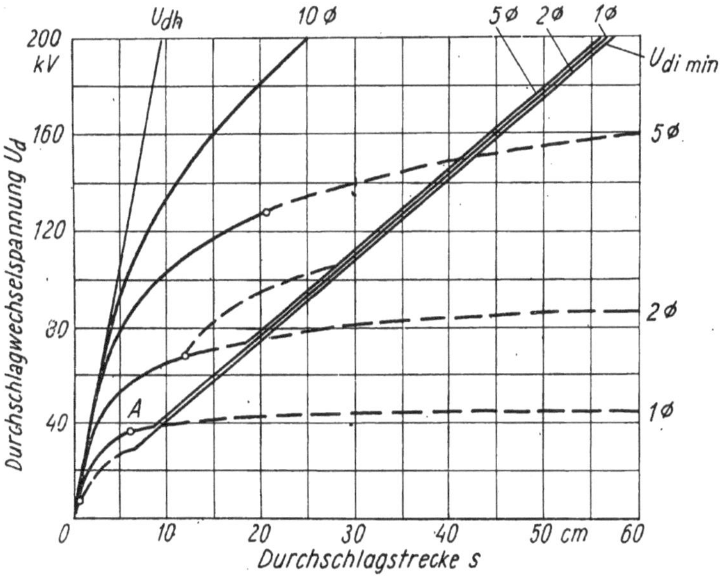

Abb. 1. U_d — s-Kennlinie für Luft (nach Weicker).

U_{dh}	homogenes Feld (Platten),
10, 5, 2, 1	inhomogenes Feld (Kugeln),
$U_{di\,min}$	inhomogenes Feld (Spitzen),
— — — — —	Einsatzspannung von Vorentladungen.

[1] Obenaus, F., Die Durchschlagspannung von dicken Isolierschichten im inhomogenen Feld. Wiss. Zeitschrift d. Hochschule f. Elektrotechnik Ilmenau 3 (1957) 53–57.

Kennlinien ($U_d = E_d \cdot s \cdot \eta$), die bei kleinen Durchschlagstrecken mit der Geraden U_{dh} und bei großen mit der Geraden $U_{di\,min}$ zusammenfallen.[1]

Die Gerade $U_{di\,min} = f(s)$ ist für die Technik besonders wichtig, weil sie die untere Grenze der Durchschlagspannung bei gegebener Durchschlagstrecke darstellt. Außerdem überwiegen technische Anordnungen mit inhomogenem Feld, auch läßt sich die Kennlinie $U_{di\,min}$ experimentell leichter als die für das homogene Feld bestimmen. Wesentlich ist, daß man aus dem Verlauf der Kurven für das inhomogene Feld auf den Durchschlagmechanismus und damit auf die Struktur des Werkstoffes schließen kann. Gerade $U_d - s$-Kennlinien ergeben sich dann, wenn im Isolierstoff Vorentladungen (Raumladungen) vorwachsen, die an Stelle der ursprünglichen Metallelektroden das Feld in der restlichen Isolierstrecke bestimmen. Dabei ist Voraussetzung für geradlinigen Verlauf, daß sich die Raumladungselektrode so formt, daß ihr Homogenitätsfaktor zunimmt, wenn sie mit steigender Spannung vorwächst und dabei die isolierende Reststrecke verkürzt. Die Kurven sind gekrümmt, wenn sich die Raumladungselektroden so ausbilden, daß bei ihrem Vorwachsen der Homogenitätsfaktor nicht zunimmt, sondern konstant bleibt oder abnimmt.

Die $U_d - s$-Kennlinien für das inhomogene Feld sind bei Feststoffen oft gekrümmt, und wenn sie geradlinig sind, haben sie je nach dem Isolierstoff verschiedene Neigung. Das Luftmodell muß also abgewandelt werden, um auch diesen Erscheinungen gerecht zu werden. Variationen der Kurve $U_{di\,min}$ sind möglich, wenn statt des Luftdurchschlages der Luftüberschlag, d. h. ein Durchbruch entlang einer Oberfläche, herangezogen wird. Statt des Einstoffsystems wird ein Mehrstoffsystem mit mindestens zwei Isolierstoffen in das Modell eingeführt und, was sehr wichtig ist, eine Grenzfläche (längs, quer oder schräg zu den Feldlinien), die die Bewegungsmöglichkeit der Ladungsträger beeinflußt. Toepler benutzte ein solches Modell mit Schräggrenzfläche (Gleitanordnung) seinerzeit dafür, um die Durchschlagvorgänge in Luft bei großen Schlagweiten aufzuklären.

Die Durchschlagspannung vieler fester Isolierstoffe ist infolge von Wärmevorgängen bei kurzer Beanspruchungsdauer höher als bei langer. Diese Zeitabhängigkeit spiegelt weder das Modell mit dem Luft*durch*schlag noch das mit dem Luft*über*schlag wider. Ob die Spannung nur während einiger weniger Halbwellen der Wechselspannung oder gar stundenlang einwirkt, ist ohne Einfluß auf die Höhe der Durchschlag- bzw. Überschlagspannung im Modell. Es gibt aber auch für diesen zeitabhängigen Wärmedurchschlag der Isolierstoffe ein Analogon unter den Überschlagvorgängen. Es ist der „Kriechüberschlag" bei leitender Oberfläche, der gewissermaßen als „Wärmeüberschlag" bezeichnet werden könnte. Der Mechanismus des Kriechüberschlages ist dadurch gekennzeichnet[2], daß zunächst ein leicht verdampfbarer Oberflächenbelag (wäßrige Lösung) mit dem Widerstand R_1 (Abb. 2) vorliegt. Dieser reißt infolge lokaler Verdampfung des Wassers irgendwo, z. B. an einer Elektrode, auf und bildet damit eine Stelle sehr großen Spannungsgefälles. Wenn bei entsprechend kleinem Widerstand R_2 die an der Unterbrechungsstelle entstehende Vorentladung nicht nur eine stromschwache Glimmentladung, sondern ein stromstarker Vorlichtbogen (l_2 in Abb. 2) ist, wandert der eine seiner Fußpunkte mehr oder weniger rasch über den Belag in Richtung der kürzesten Strombahn zur anderen Metallelektrode hin und leitet den Vollüberschlag ein.[3]

---

[1] Issel, G., Die Durchschlagspannung von Luftstrecken mit Rundschienen bei Wechsel- und Stoßspannung. Deutsche Elektrotechn. 12 (1958) 56—62; Wolf, H., Die Durchschlagspannung von Luftstrecken mit Flachschienen bei Wechsel- und Stoßspannung. Deutsche Elektrotechn. 12 (1958) 159—165.

[2] Obenaus, F., Fremdschichtüberschlag und Kriechweglänge. Deutsche Elektrotechn. 12 (1958) 135—137.

[3] Frischmann, W., Fremdschichtüberschlag und Fußpunktwanderung. Deutsche Elektrotechn. 11 (1957) 290—295.

Der Kriechüberschlag als Modell des Wärmedurchschlags zeigt alle seine charakteristischen Merkmale. In der ersten Phase mit noch nicht unterbrochenem Oberflächenwiderstand wächst der Strom an, ohne daß Feldstärke- und Spannungsverteilung in der Isolierstrecke erheblich

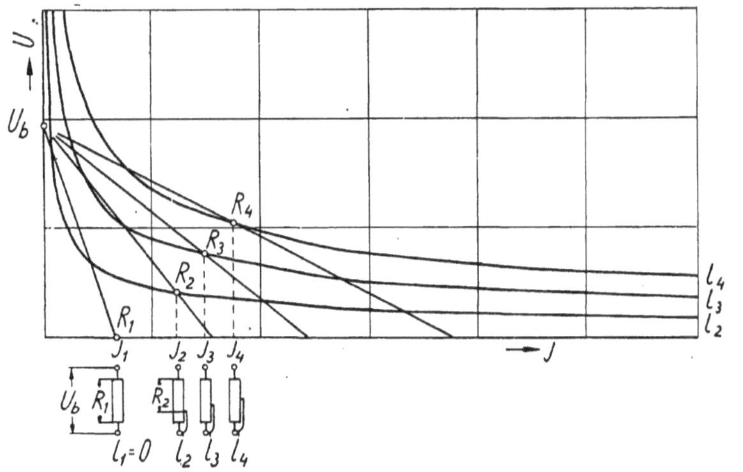

Abb. 2. Wanderung des Lichtbogenfußpunktes beim Kriechüberschlag.

verändert werden. In der zweiten Phase tritt eine solche Feldstärke- und Spannungsverteilungsänderung ein. Es wird eine Stelle mit sehr hohem Spannungsgefälle (Punktinhomogenität) geschaffen. Dies geschieht dadurch, daß die Isolierstrecke durch Erwärmung physikalisch und unter Umständen chemisch verändert wird. Nach den Messungen am Modell ist es eine Vorbedingung für die dritte Phase des Durchbruchs, daß der Leitwert der restlichen Isolierstrecke so groß ist, daß der Partialdurchbruch an der Stelle der Punktinhomogenität in Form einer Entladung mit fallender Charakteristik (Vorfunken, Vorlichtbogen) erfolgt. Auf diese Weise werden die bisherigen Metall- oder Raumladungselektroden durch den Fußpunkt eines Vorlichtbogens mit höchster Feldinhomogenität ersetzt. Die lokale Energiekonzentration wird so hoch, daß der Isolierstoff auf jeden Fall verändert wird, etwa durch Schmelzen, Verdampfen oder bei spröden Körpern durch Einreißen. Bemerkenswert ist die Beobachtung beim Kriechüberschlag[1], daß die Fußpunktwanderung (*FW*, Abb. 3), die zu dem eigentlichen Vollichtbogen (*VL*, Abb. 3)

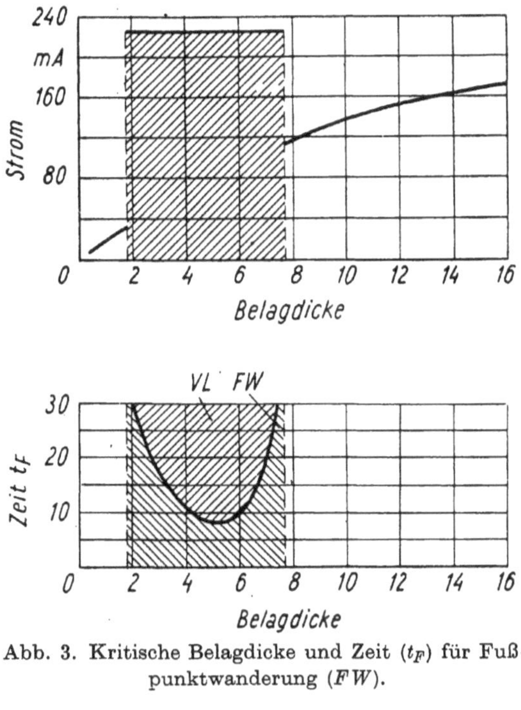

Abb. 3. Kritische Belagdicke und Zeit (t_F) für Fußpunktwanderung (*FW*).

[1] Frischmann, W., Die Bedeutung der Fremdschichtfaktoren für den Isalotorenüberschlag. Deutsche Elektrotechn. **12** (1958) 166–170.

führt, bei konstanter Leitfähigkeit der Belagflüssigkeit und Spannung (plötzlich zugeschaltet) nur bei einer ganz bestimmten kritischen Dicke des Widerstandsbelages erfolgt. Wenn seine Dicke, also seine räumlichen Abmessungen, z. B. zu groß sind, wächst die Zeit für die Fußpunktwanderung (t^F, Abb. 3) sehr stark an, und es kommt trotz großen Stromes nicht zu einem Volldurchbruch.

Zusammenfassung

Der Luft*durch*schlag ist von jeher ein handliches Modell des Durchschlags technischer Isolierstoffe. Mit den *Über*schlagmechanismen in Luft, insbesondere mit dem Kriechüberschlag, lassen sich die Durchschlagvorgänge einschließlich des Wärmedurchschlags in verfeinerter Weise modellmäßig abbilden.

(Institut für Hochspannungstechnik der Technischen Hochschule Dresden)

Die Charakteristiken von technischen Funkenstrecken mit stark inhomogenem Feld

W. Woboditsch, Berlin

In letzter Zeit kamen Anregungen von seiten der Physiker über den Entladungsmechanismus im gasförmigen Dielektrikum. Es erschien deshalb sinnvoll nachzuprüfen, inwieweit sich diese Erkenntnisse auch auf technische Elektrodenanordnungen übertragen lassen. Es zeigte sich, daß die folgenden Untersuchungen eine Reihe wichtiger Ergebnisse für die Hochspannungstechnik erbrachten. Darüber hinaus ergaben sich wertvolle Hinweise, den Entladungsmechanismus im festen Dielektrikum in ähnlicher Weise zu untersuchen.

Zunächst wurden die an technisch wichtigen Elektrodenanordnungen, wie Spitze—- bzw. Stab–Platte, auftretenden Vorentladungen beschrieben. Insbesondere wurden nicht wie bisher die sichtbaren Entladungserscheinungen, sondern die elektrischen Kennzeichen der Entladung, wie z. B. Impulskorona und Dauerkorona, zur Charakterisierung der verschiedenen Vorentladungsarten herangezogen.

An negativen Spitzen und Stäben können bei Gleichspannung abhängig von der Spannung folgende Entladungsarten beobachtet werden:

1. Die Dunkelentladung bei Spannungen zwischen 0 und der Anfangsspannung U_0. Der Entladungsstrom ist kontinuierlich und $\leqslant 10^{-7}$ A.
2. Die negative Impulskorona nach Überschreiten der Anfangsspannung U_0 (Abb. 1). Der Entladungsstrom verläuft impulsförmig (Trichel-Impulse). Ein negativer Entladungsimpuls ist wie folgt gekennzeichnet: Anstiegzeit $\sim 0{,}03\ \mu$s, Abfallzeit $\sim 0{,}1\ \mu$s, Scheitelstrom $\sim 2 \cdot 10^{-4}$ A. Mit steigender Spannung nehmen Impulshäufigkeit von $\sim 10^2$ bis $\sim 5 \cdot 10^6$/s und Entladungsstrom von $\sim 10^{-7}$ bis 10^{-4} A zu.
3. Negative Dauerkorona. Bei einer bestimmten Spannung setzen die Entladungsimpulse aus, ohne daß sich der (mittlere) Entladungsstrom nennenswert ändert. Im Spannungsbereich der negativen Dauerkorona treten also keine Entladungsimpulse auf, und der Entladungsstrom ist kontinuierlich.
4. Bogenentladung. Es erfolgt der Durchschlag, ohne daß nochmals Entladungsimpulse beobachtet werden können.

Auch an positiven Spitzen und Stäben können bei Gleichspannung abhängig von der Spannung verschiedene Vorentladungsarten beobachtet werden:

1. Dunkelentladung mit kontinuierlichen Strömen $\leqslant 10^{-7}$ A bis zur Anfangsspannung U_0.
2. Positive Impulskorona nur in einem sehr kleinen Spannungsbereich oberhalb der Anfangsspannung. Die positiven Entladungsimpulse unterscheiden sich bezüglich Form und Amplitude nicht nennenswert von den negativen Entladungsimpulsen; die Impulshäufigkeit ist jedoch wesentlich kleiner und zunächst ansteigend von 0–3000/s, dann wieder abfallend.

3. Positive Dauerkorona in dem sehr großen Spannungsbereich, der praktisch von der Anfangsspannung bis nahe an die Durchschlagspannung reicht. Der Entladungsstrom ist kontinuierlich.
4. Positive Impulsbüschelbogen treten kurz vor dem Durchschlag auf. Sie unterscheiden sich von den anderen Entladungsarten wesentlich. Bei gleicher Anstiegzeit von $\sim 0{,}03\ \mu s$ ist die Abfallzeit dieser Entladungsimpulse mit $\sim 0{,}3\ \mu s$ etwas länger und der Scheitelstrom mit $\sim 10^{-2}$ A kurz vor dem Durchschlag wesentlich größer. Im Gegensatz zu allen anderen Entladungsarten ist diese die gesamte Schlagweite überbrückende Entladungsart nur dann existenzfähig, wenn sie durch einen äußeren Vorwiderstand stabilisiert wird. Impulshäufigkeiten bis einige 10^4/s.

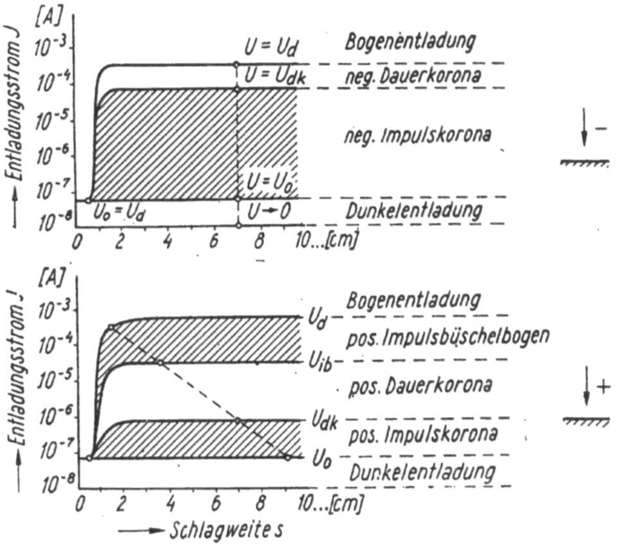

Abb. 3. Schlagweite-Strom-Kennlinien (Existenzbereiche der Vorentladungsarten).

An technischen Spitzen und Stäben bei Wechselspannung treten in der negativen bzw. positiven Halbwelle die gleichen Entladungserscheinungen auf wie bei negativer bzw. positiver Gleichspannung.

Mit Kenntnis der verschiedenen Vorentladungsarten können einige Charakteristiken von technischen Funkenstrecken mit stark inhomogenem Feld genauer als bisher angegeben werden.

Die Strom-Spannungs-Kennlinien (Abb. 2) verlaufen zwischen U_0 und U_d nur steigend (statische $U - I$-Kennlinie). Die statische $U - I$-Kennlinie allein beschreibt jedoch nur den Zusammenhang zwischen der Spannung und dem Mittelwert des Entladestroms. Für den Spannungsbereich der impulsförmig verlaufenden Vorentladungsarten wird die statische $U - I$-Kennlinie durch dynamische Teile ergänzt. Diese beschreiben den Zusammenhang zwischen der Spannung und dem zeitlichen Verlauf des Entladungsstromes.

Die schon von Toepler angegebenen Existenzbereiche der Vorentladungen (Schlagweite-Strom-Kennlinien) werden für heute übliche ergiebige Spannungsquellen erweitert (Abb. 3). Es zeigt sich, daß jede Vorentladungsart nur in bestimmten Strombereichen existenzfähig ist, so z. B. die Dunkelentladung nur bei Strömen $< 10^{-7}$ A, die (negative) Impulskorona bei 10^{-7} bis 10^{-4} A und die (negative) Dauerkorona bei 10^{-4} bis $5 \cdot 10^{-4}$ A.

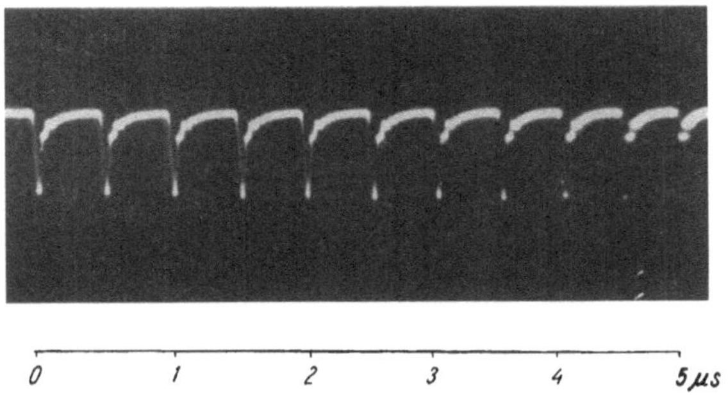

Abb 1. Entladungsimpulse an negativer Spitze.

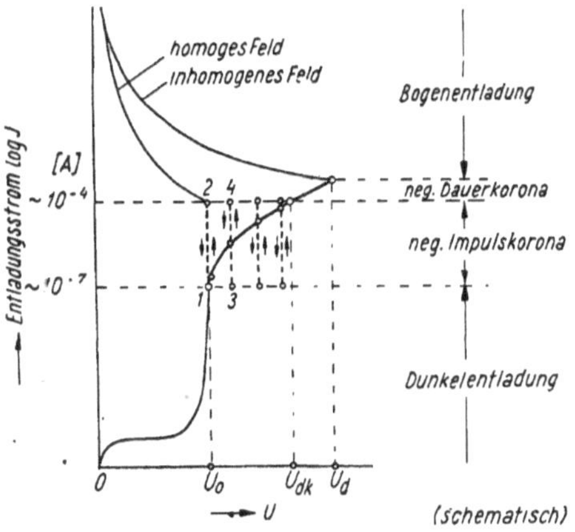

Abb. 2. Links.

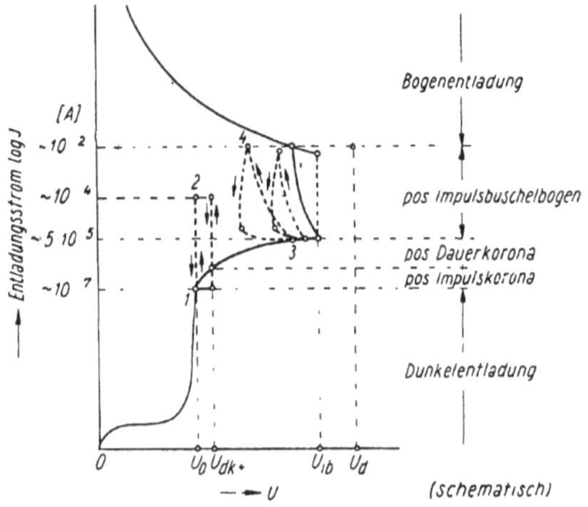

Abb. 2. Rechts.

Abb. 2. Strom-Spannungs-Kennlinien.
Statische $U - I$-Kennlinie voll, dynamische Teile strichliert,
Links. negative Spitze–Platte,
Rechts. positive Spitze–Platte.

Abb. 4. Oben.

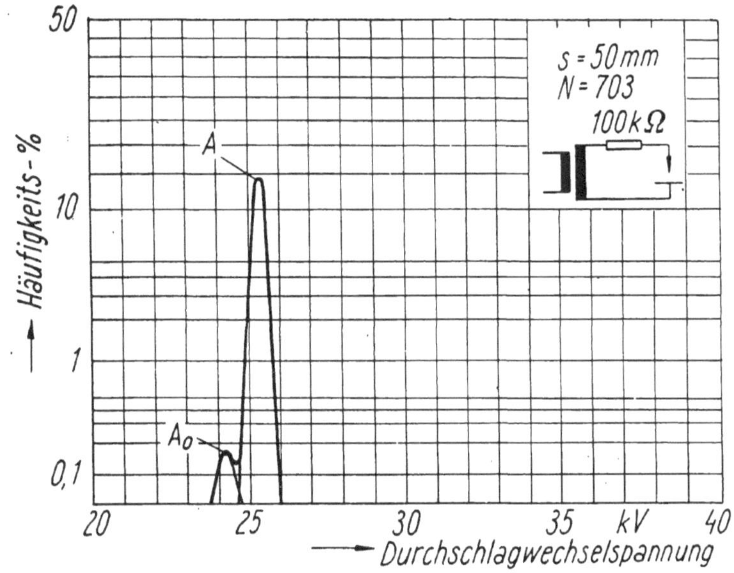

Abb. 4. Mitte.

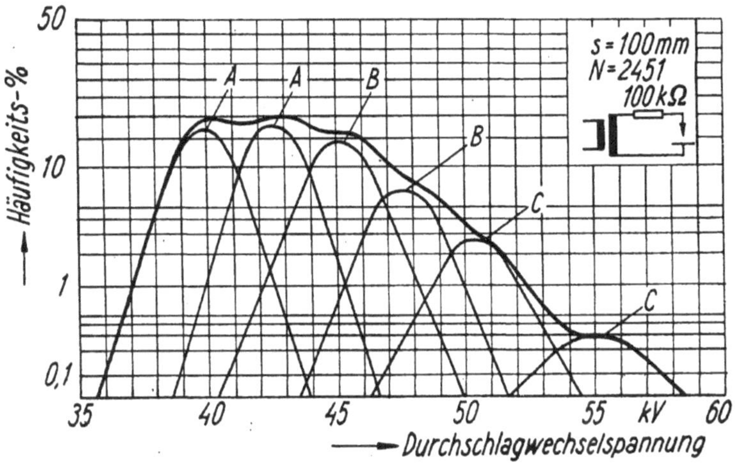

Abb. 4. Unten.

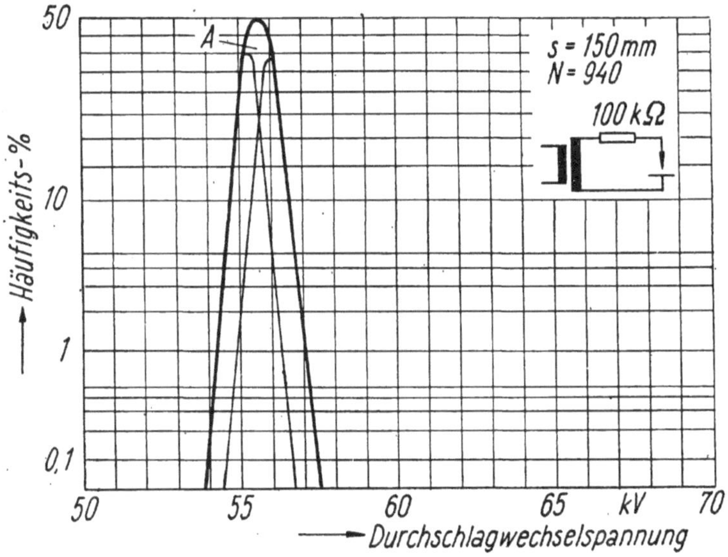

Abb. 4. Häufigkeitsverteilung der Durchschlagwechselspannung (Spitze—Platte).

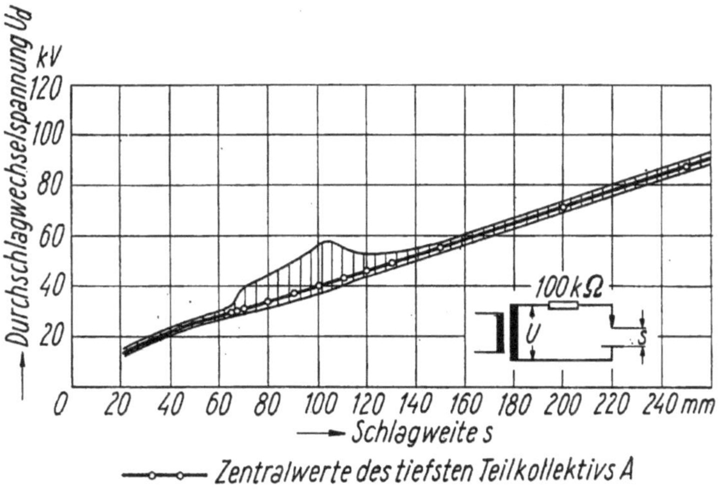

Abb. 5. Schlagweite-Spannungs-Kennlinie.

Im Schlagweitenbereich des Übergangsgebietes (5–15 cm) wird die Häufigkeitsverteilung der Durchschlagwechselspannung mit Hilfe von Großzahlversuchen ermittelt (Abb. 4). Mit diesen Ergebnissen lassen sich die von Weicker angegebenen Schlagweite-Spannungs-Kennlinien im Übergangsgebiet ergänzen (Abb. 5). Für die Praxis ergibt sich die wichtige Folgerung, daß auch im Übergangsgebiet mit der wie bei großen Schlagweiten spezifischen Durchschlagspannung von ~ 3,5 kV/cm gerechnet werden muß.

(Erscheint ausführlich in der Wissenschaftlichen Zeitschrift der Technischen Hochschule Dresden)

(VEB Kabelwerk Oberspree, Berlin)

Quantitative Messungen an Entladungen in festen Isolierstoffen im inhomogenen Feld

J. Schmidt, Dresden

In letzter Zeit wurde von Müller[1] und Mason[2] von Entladungsspuren in festen durchsichtigen Isolierstoffen berichtet, die durch längere Einwirkung konstanter Gleichspannung bzw. 50-Hz-Wechselspannung entstehen. Diese Entladungsspuren werden verursacht, indem örtlich – in der Nähe einer Punktelektrode – die Durchschlagfestigkeit des Isoliermaterials überschritten wird. Sie haben etwa das gleiche Aussehen wie Klydonographenbilder. Es wird untersucht, welche elektrischen Meßgrößen die fortschreitende Zerstörung des Werkstoffes bei konstanter Wechselspannung, in Abhängigkeit von der Wirkdauer der Spannung, beschreiben. Gleichzeitig wird der Grad der Zerstörung an einem durchsichtigen Isolierstoff optisch verfolgt.

Versuchsanordnung

Als Bewertungsgrößen für die im festen Isolierstoff auftretenden Entladungen dienen Ladung und Häufigkeit der in der Erdableitung des Prüflings fließenden Stromimpulse (Abb. 1). Die Schlagweite der Spitze–Platte-Anordnung beträgt 2,5 mm. Als Punktelektrode

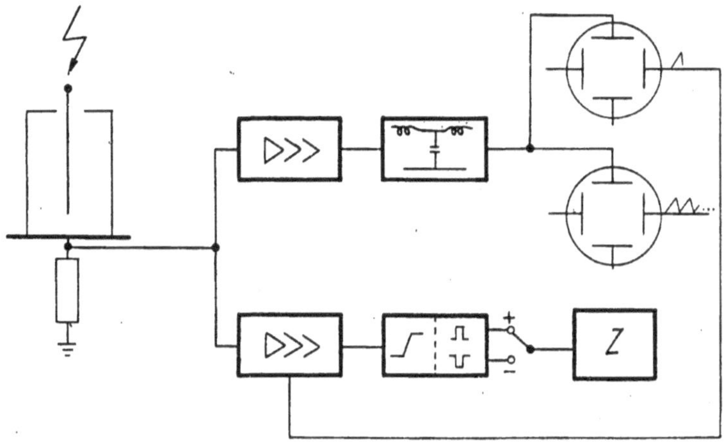

Abb. 1. Meßeinrichtung für Impulsform und -häufigkeit.

[1] Müller, U., Die Entladungen in Plexiglas bei Stoß- und Wechselspannung. Wiss. Z. d. TH Dresden 4 (1954/55) H. 4.

[2] Mason, J. H., Breakdown of Solid Dielectrics in Divergent Fields. Proc. Inst. electr. Eng. (1955) 254–263.

wird eine dünne spitze Stahlnadel verwendet, die in einen Plexiglasprüfkörper eingesenkt wird. Während der Einwirkung des elektrischen Feldes werden die im Prüfling auftretenden Entladungsspuren mit einem Mikroskop beobachtet (20fache Vergrößerung, Durchlicht).

Versuchsergebnisse

An der Spitzenelektrode treten nach 3minutigem Einwirken einer Spannung von 20,3 kV plötzlich Entladungserscheinungen auf, die im äußeren Stromkreis als außerordentlich kurzzeitig wirkende Stromimpulse und unter dem Mikroskop als kurze dünne Schwärzungslinien in Form feiner Ästchen zu bemerken sind. Die inneren Entladungen erfolgen nur impulsförmig mit etwa der gleichen Häufigkeit in der positiven und negativen Halbwelle. Als elektrisches Kennzeichen der Entladung sind in Abb. 2 die Anzahl der Stromimpulse (H) und die Impulshäufigkeit pro Minute (h) in Abhängigkeit von der Wirkdauer der Spannung aufgetragen. Nach Ausbrüchen mit großer Impulshäufigkeit folgen bei konstanter Spannung Zeiten, in denen die Entladungen nahezu oder ganz erloschen sind (t = 35–60 min). Eine Spannungssteigerung nach t = 60 min auf 21,5 kV hat ein erneutes sprunghaftes Anwachsen und anschließenden geringen Abfall der Impulshäufigkeit zur Folge. Nach t = 180 min wird die Spannung abgeschaltet, weil mit Absinken der Impulshäufigkeit h ein starkes Ansteigen der Amplitude der Stromimpulse beobachtet wird, was auf einen bevorstehenden Volldurchbruch des Isolierstoffes hinweist. Die gleichzeitige Beobachtung der Entladungsspuren unter dem Mikroskop zeigt, daß bei stark ansteigender Impulshäufigkeit h die Entladungsspuren deutliche und kräftige Veränderungen aufweisen gegenüber solchen Zeiten, in denen die Impulshäufigkeit annähernd konstant oder sehr niedrig ist. Abb. 3 zeigt die Spitzenelektrode mit den nach t = 3 min erstmalig auftretenden Entladungsspuren. Nach t = 3,5 min sind die entstandenen Dunkelstellen wieder kleiner geworden. Es sind feine Kanäle sichtbar, durch die Entladung entstandene Gasblasen werden in einer Spaltfläche in den feldschwachen Raum gedrückt. Die dunkel erscheinenden, linienförmigen Entladungsspuren, wie man sie bei Durchlichtbeleuchtung im Mikroskop sieht, sind keine Verkohlungen, sondern vielmehr Spaltflächen, an denen das Licht gebeugt wird.

Diskussion

Neuere elektronenoptische Untersuchungen[1] an Polymethylmethakrylaten zeigen, daß durch herstellungsbedingte Eigenspannungen winzig kleine Haarrisse auftreten mit Ausdehnungen von wenigen μ Länge und $^1/_{10}\,\mu$ Breite. Vermutlich werden die bei der verwendeten Vergrößerung zunächst unsichtbaren Risse durch die elektrische Entladung aufgeweitet – und zwar durch Gasbildung –, so daß sie dann auch unter dem Mikroskop deutlich sichtbar sind. Diese grobe Strukturinhomogenität scheint bei den meisten technischen Isolierstoffen vorzuliegen, wie auch neuere Untersuchungen[2] an Polyäthylen-Prüflingen zeigen. Die Kenntnis des Verlaufes der Impulshäufigkeit und Impulsladung in Abhängigkeit von der Wirkdauer der anliegenden Spannung scheint ein brauchbares technisches Merkmal für die fortschreitende Zerstörung des Werkstoffes zu sein. An nichtdurchsichtigen PVC-Prüflingen wurde etwa die gleiche Abhängigkeit von Impulshäufigkeit und Form von der Wirkdauer der Spannung gemessen wie bei Plexiglasprüflingen.

(Institut für Hochspannungstechnik der Technischen Hochschule Dresden)

---

[1] Techn. News Bull., National Bureau of Standards **41** (1957) 194–196.

[2] KITCHIN, D. W. and PRATT, O. S., Treeing in Polyethylene as a Prelude to Breakdown. Power Apparatur and Systems **36** (1958) 180–186.

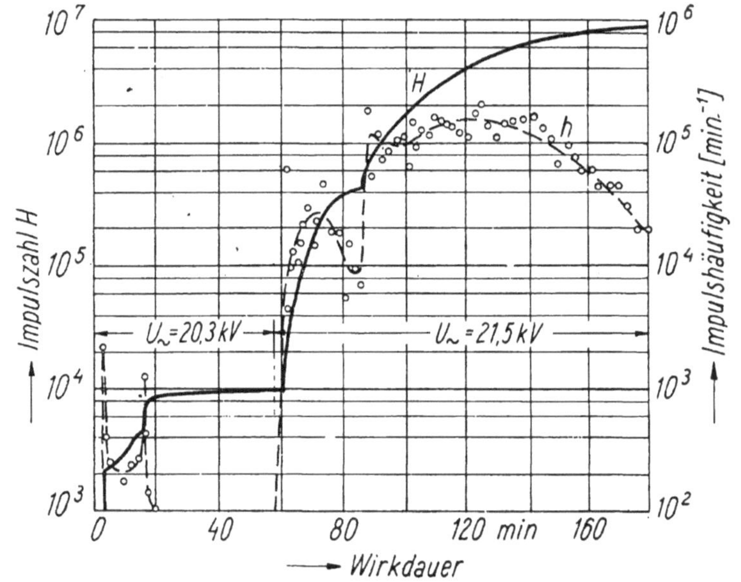

Abb. 2. Impulshäufigkeit und Wirkdauer.
Plexiglas, Spitze—Platte, s = 2,5 mm.

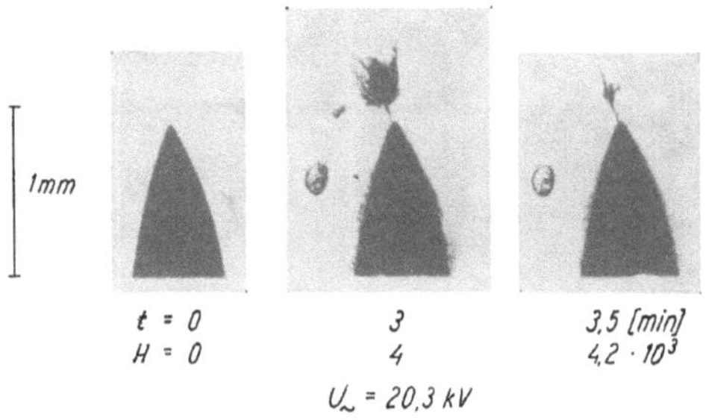

Abb. 3. Entladungsspuren in Plexiglas.

Die Durchschlagspannung von Epoxydharz im inhomogenen Feld

M. EBERHARDT, Dresden

Es wurde die Durchschlagwechselspannung in Abhängigkeit von der Schlagweite von heißhärtendem Epoxydharz mit verschiedenen Zusätzen von Quarzmehl bei der Elektrodenanordnung Spitze–Platte gemessen. Die Spitzenelektrode (Nähnadel) und die Plattenelektrode (Aluminiumfolie) wurden in das Harz eingegossen.

In einem weiten Bereich der Schlagweiten ($s = 3–9$ mm) besteht ein linearer Zusammenhang zwischen U_d und s, wie es von den Kennlinien für Gase her bekannt ist und auch schon an anderen festen Stoffen festgestellt wurde.[1] Für die Durchschlagspannung in diesem Bereich ist nicht mehr die geometrische Abmessung der Elektrodenspitze entscheidend, sondern die Form der von der Spitze vorwachsenden Raumladungselektrode. Die Steigung des geradlinigen Teiles der Kennlinie hängt von der Eigenschaft des Materials ab, und zwar von seiner elektrischen Festigkeit. Zusätze von Quarzmehl verändern den Isolierstoff. Seine Durchschlagfestigkeit wird erhöht und die Kennlinien verlaufen infolgedessen steiler.

Die Durchschlagwerte streuten trotz sorgfältiger Herstellung der Proben maximal 14% um den Mittelwert. Die Streuung ist im wesentlichen den Inhomogenitäten des Isolierstoffes zuzuschreiben. Hinzu kommt vermutlich der Einfluß mechanischer Spannungen, die während des Härte- und Abkühlungsprozesses im Innern des Harzkörpers auftraten und sehr unterschiedlich waren. Bei einer Temperatur von 90°C sank die Streuung auf 6–8%, was auf die Verringerung der inneren mechanischen Spannung zurückzuführen ist.

Die Dauer der anliegenden Prüfspannung beeinflußte die Höhe der Durchschlagspannung. Dies deutet darauf hin, daß während der längeren Einwirkdauer Veränderungen im Isolierstoff auftreten, die tiefere Durchschlagwerte zur Folge haben. Beim Anlegen einer Spannung unterhalb der Durchschlagspannung zeigten sich vor der Nadelspitze Entladungsspuren im Epoxydharz, die, wie unter dem Mikroskop zu erkennen war, aus z. T. geschwärzten winzigen Rissen bestanden. Die Ausdehnung solcher Risse wuchs mit der Höhe der anliegenden Spannung und ihrer Wirkdauer. Von einer größeren Anzahl der untersuchten Proben hatte sich in einem Falle aus einem weit vorgeschobenen Riß eine Verästelung in Richtung der Plattenelektrode ausgebildet. Die Figur ähnelt der für positive Vorentladungen in Luft und solchen, wie sie bereits von MÜLLER[2] im Plexiglas beobachtet worden sind.

(Institut für Hochspannungstechnik der Technischen Hochschule Dresden)

---

[1] OBENAUS, F., Die Durchschlagspannung von dicken Isolierschichten im inhomogenen Feld. Wiss. Z. Ilmenau (1957) H. 1.

[2] MÜLLER, U., Vorentladungen im Plexiglas bei Stoß- und Wechselspannung. Wiss. Z. TH Dresden (1954/55) H. 4, 629.

Zusammenfassung der Diskussion zu den technischen Vorträgen

In der Diskussion wurde deutlich, daß auch bei der Untersuchung der technischen Isolierstoffe angestrebt werden sollte, einen Einblick in die „Anlaufphase" des Durchschlages zu bekommen. Da die technischen Materialien aus technologischen und vielen anderen unvermeidbaren Ursachen viel komplizierter aufgebaut sind als die Idealstoffe, sind hier die Schwierigkeiten außerordentlich groß. Die Untersuchungen der Vorentladungen im festen Isolierstoff und ihr Vergleich mit denen in Luft wurde als erster Vorstoß in dieser Richtung auch von den Vertretern der physikalischen Disziplinen anerkannt, obwohl diese Vorgänge die Anlaufphase und noch einen Teil der Zerstörungsphase enthalten. Die Aussprache überzeugte davon, daß die Isolierstofftechnik noch nicht auf die Messung der Durchschlagspannung, die sowohl von der Anlauf- als auch von der Zerstörungsphase abhängt, verzichten kann.

ROBERT ROMPE

Zur Physik des elektrischen Durchschlages fester Isolatoren

(Sitzungsberichte der Deutschen Akademie der Wissenschaften zu Berlin, Klasse für technische Wissenschaften Jahrgang 1954, Heft 1)

1954. 14 Seiten – 8° – DM 1,–

Die Eigenschaften von Elektromotoren und Transformatoren, von Energieübertragungsanlagen und anderen elektrischen Einrichtungen werden von der elektrischen Festigkeit der Isolation der Leitungsdrähte wesentlich mitbestimmt. Die gesamte moderne Technik der Großerzeugung elektrischer Energie, ihrer Fortleitung über große Entfernungen, ihrer Umwandlung in andere Energieformen und damit die Nutzbarmachung dieses wichtigen Faktors der Entwicklung der Produktivkräfte können ohne eine intensive Forschung über den elektrischen Durchschlag von Isolatoren nicht auskommen.

EUGEN HEYN

Elektromagnetische Felder in gekrümmten Hohlleitern

(Abhandlungen der Deutschen Akademie der Wissenschaften zu Berlin, Klasse für Mathematik, Physik und Technik, Jahrgang 1958, Heft 4)

1958. 42 Seiten – 11 Abbildungen – 4° – DM 8,70

Der Verfasser behandelt die Beeinflussung elektromagnetischer Felder in Hohlleitern durch Krümmungen. Er untersucht die Wirkung eines Krümmungsstückes – die sich durch Reflexion bemerkbar macht – in einer Hohlrohrleitung.

Für Hohlleiter mit rechteckförmigem Querschnitt berechnet er numerisch die Reflexionskoeffizienten von gekrümmten Hohlleiterstücken. Ferner wird beim gekrümmten Topfkreiswellenmessen die durch eine Krümmung verursachte Änderung der Resonanzstellen berechnet.

Bestellungen durch eine Buchhandlung erbeten

AKADEMIE-VERLAG · BERLIN

Kolibri 360 GmbH
Ferdinand-Jühlke-Straße 7
99095 Erfurt, Deutschland
produktsicherheit@kolibri360.de